核与辐射安全科普系列丛书之十七

核反应堆简史

生态环境部核与辐射安全中心　编著

中国原子能出版社

图书在版编目（CIP）数据

核反应堆简史／生态环境部核与辐射安全中心编著．
—北京：中国原子能出版社，2020.8（2025.4重印）
ISBN 978-7-5221-0823-0

Ⅰ．①核… Ⅱ．①生… Ⅲ．①反应堆－技术史－世界
Ⅳ．①TL4-091

中国版本图书馆CIP数据核字（2020）第164363号

核反应堆简史（核与辐射安全科普系列丛书）

出版发行　中国原子能出版社（北京市海淀区阜成路43号　100048）
策划编辑　付　凯
责任编辑　付　凯
装帧设计　井晓明　赵　杰
责任校对　冯莲凤
责任印刷　赵　明
印　　刷　北京富资园科技发展有限公司
经　　销　全国新华书店
开　　本　710 mm × 1000 mm　1/16
印　　张　7
字　　数　138千字
版　　次　2020年8月第1版　　2025年4月第2次印刷
书　　号　ISBN 978-7-5221-0823-0　　　定　价　38.00元

订购电话：010-88828678　

《核反应堆简史》编写人员

主　编

胡文超

编写人员　（按章节顺序排列）

胡文超　毕金生　王昆鹏　赵传奇　李朝君　张　盼

兰　兵　叶远虑　雷　蕾　刘希瑞　陈方强

总　序

日本福岛核事故后，核电的安全性再一次在全球范围内引起广泛关注，但大多数公众对核能的认知还是停留在事故和灾难的阴影中。核电的社会接受度问题成为核能发展的重要瓶颈。就我国而言，还存在着公众对核与辐射知识匮乏，科普工作较为滞后，公众参与程度较低，信息公开透明程度不够，有效的信息反馈机制缺失等问题。因此，创新和完善核与辐射安全科普宣传体系和手段，提升核与辐射安全科普宣传实效，是提升国民科学素养，营造核电良好外部发展环境，提高公众对核电发展的接受度的有效途径，对促进核电事业安全高效发展具有重要意义。

为普及核与辐射安全知识，增强科普培训的针对性和有效性，国家核安全局核设施安全监管司委托环境保护部核与辐射安全中心制作针对不同对象的包括多媒体演示课件和配套文字资料的科普培训系列材料。经项目组多次讨论研究，目前该系列材料分为核能、核电、核燃料循环辐射环境影响和管理、核燃料循环、辐射防护、核技术利用、电磁辐射、核与辐射安全监管和核与辐射应急等多个角度，后续将根据需求进行续编。

本培训材料编写的目的，首先是让普通公众喜爱看，然后是看得懂，最后达到信任的目的，这是编写过程中一以贯之的理念。为保证科学性（写准），实用性（针对性），趣味性（喜闻乐见），编写过程中力求通过“三化”，即“专业化、通俗化、图示化”来实现上述“三性”。此外还要注意处理好专业与通俗，全面与片面，严肃与活泼，风险与利益，编写人的认知与公众的认知的平衡；同时结合时事热点，收集网络上错误的观点，通过反面问题来说明；尝试在编写中体现艺术感，具有一定的审美意识，表达核安全文化的人文关怀，这是更高一层的要求。

核能发展，科普先行，只有让更多的人走近核能、了解核能、信任核能——这一高效、清洁的非碳能源，核能才能实现高效安全的健康发展。

由于时间仓促，加之编写组实践经验和认识水平有限，难免有错误或不当之处，衷心盼望有关专家和广大读者不吝赐教，提出宝贵意见，以便改正。

《核与辐射安全科普系列丛书》编委会

2015年12月10日

序　一

随着文明的发展，人类在环境和能源问题上面临重大挑战，寻求清洁、高效、可靠的新能源势在必行。2015年联合国发展峰会上，中国发出了“探讨构建全球能源互联网，推动以清洁和绿色方式满足全球电力需求”的倡议，阐明了中国发展清洁能源的立场。为应对能源形势的新挑战，我国“十三五”规划中将能源结构调整作为下一阶段发展的主要着力点。积极推进能源供给侧改革，必须倚重清洁能源技术。核电作为清洁能源中一种成熟的基础能源，在改革进程中必将发挥重要作用。

积极推进核电建设不仅是我国重要的能源战略，也是国家“一带一路”和“走出去”战略的客观需求。近年来，我国风电、水电、太阳能等清洁能源和可再生能源获得突飞猛进的发展，但核电装机总量却仍处于低位。目前我国在运核电装机容量仅占电力总装机容量的2%左右，而一些发达国家则远高于此。如核电占比世界第一的法国，其核电装机容量占比高达77.7%，韩国为34.6%，俄罗斯为18%，美国将近20%。即便顺利实现规划目标——到2020年，我国在运在建核电总装机容量达到8 800万千瓦，其在我国能源总规模中占比仍然不大。为此，必须积极推进核电的安全高效发展。

我国运行核电机组安全业绩良好，迄今未发生国际核事件分级（INES）2级及其以上的运行事件，运行指标普遍处于世界核电运营者协会（WANO）中值以上，核设施周边环境辐射水平处于正常范围，核电厂的核辐射安全都处于受控状态。即便如此，仍然有许多公众对核与辐射安全不够了解，甚至存有误解。自日本福岛事故以来，人们似乎谈“核”色变，一方面斥责火电高能耗、高污染，一方面对核电的安全性存在顾虑。与此同时，国家对维护公众在重大项目中的知情权、参与权和监督权也愈加重视，公众意见已成为核能及相关项目能否落地的决定性因素之一。多方因素表明，核与辐射安全相关的科普宣传及与公众的沟通亟待加强。

《核与辐射安全科普系列丛书》首次从监管的视角，立足于核与辐射安全，从多个角度较为系统、全面地介绍了核能利用及其监管、核与辐射安全相关知识。系列丛书分为核能、核电、核燃料循环辐射环境影响和管理、核燃料循环、辐射防护、核技术利用、电磁辐射、核与辐射安全监管以及核与辐射应急等多个角度，丛书坚持以科学性为本，兼顾趣味性和通俗性，图文并茂，深入浅出。语言、示例贴近生活，形象又不失准确；数据、结论来源权威，审慎且不失活泼。为大家了解核能、核技术及核与辐射安全提供了一套较为容易“读懂”的读物。

写一套好的科普读物并非易事，好的科普书在于唤起公众的兴趣、提升人文情怀和传播正能量，相信这套丛书将把核电的安全和环保介绍给公众，更促进我国核电的安全高效发展。同时希望读者多提宝贵意见和建议，以便及时修订完善。最后，衷心感谢编者们为我国核能利用发展、公众沟通和环境保护所做的努力和贡献。

序　二

正处在工业化、城镇化发展阶段的中国，在追求经济发展同时也肩负生态文明建设的艰巨任务，可靠、稳定、安全、清洁、低碳的电力供应是国家经济发展和生活稳定的必要条件。面对环境治理和气候变化的挑战，安全、高效地发展核电是中国走向能源清洁化、低碳化的重要选择。核能利用，是一种大规模产生能源的方式，神奇但是并不神秘，如果管理得当，它将为我们带来巨大的社会效益。然而，就在我国意在大力发展核电的同时，却遭遇到了重重阻力。2016年4月1日，习近平在第四届华盛顿核安全峰会上的讲话中说，“学术界和公众树立核安全意识同样重要。我们还要做好核安全知识普及，增进公众对核安全的理解和重视。”国家核安全局局长李干杰曾指出，目前核电发展面临的最大的问题、最大的约束和瓶颈，不是技术问题，而是公众沟通、公众可接受度的问题。

公众对核与辐射安全的接受度与其对核与辐射安全的认知、态度、行为有着极其重要的关系。改变及提升公众的认知、态度、行为，必须开展行之有效的公众沟通工作，而科普宣传则是公众沟通工作中重要的一环。核与辐射事件和事故作为当前重要的突发环境事件，如果处置不当，就可能引发远超事故本身影响范围的社会公共事件，科普宣传开展的好坏直接影响涉及或参与事件人的反应，成为影响事件应对好坏的关键所在。比如2009年河南杞县的卡源事件最终演变为大规模的公众恐慌事件，究其主要原因是公众对放射源知识的缺乏。我国虽然很早就开展了核能和核技术开发利用工作，但长期以来对核与辐射安全文化的宣传和培育不足，大多数人的核与辐射知识十分匮乏，加上一些不恰当的宣传和误导，给核科学技术蒙上了一层神秘的面纱，公众对于核与辐射极度敏感，谈核色变。

《核与辐射安全科普系列丛书》从核能、核电、核燃料循环辐射环境影响和管理、核燃料循环、辐射防护、核技术利用、电磁辐射、核与辐射安全监管以及核与辐射应急等多个角度，用尽可能通俗易懂的语言全面、系统地将核能与核技术利用的方方面面进行了讲解。

当然，由于在专业性和通俗性的统一上，存在一定的难度，该系列丛书难免会有一些瑕疵和不足，但是编者们在核与辐射安全知识科普工作中表现出的社会责任感和探索精神值得尊崇。且这类科普读物正是目前我国核电发展和社会公众所急需的，希望大家通过阅读这套丛书，既能认识到核能和核技术造福人类的巨大价值，同时也能正确理解核与辐射对环境和人类的影响及其潜在危害性，增强理性应对涉核事件事故的能力，促进核能与核技术更好地造福于人类。

潘自强

前 言

本书从发现核裂变开始，引入世界上不同类型核反应堆的起源，在核能的早期发展中，出现了不同类型的反应堆，从费米堆开始，着重介绍了包括W反应堆、P-9反应堆、X-10反应堆、石墨水冷堆、增殖堆等。

目前成功商用的有压水堆、石墨堆、沸水堆、重水堆等，在当初“不成功”的反应堆试验装置的经验与“成功”的反应堆的经验同等重要。从核反应堆起源方面考虑，没有成功的反应堆之所以没有成功，可能是由于技术上的原因或者是由于政治上或经济上的原因而未能继续发展，但这些反应堆为今后核反应堆发展提供了基础。

本书从核反应堆的起源、核反应堆的发展、核反应堆的现状、核反应堆的未来及核反应堆发展中的安全保障等5个章节进行生动详细的介绍。从第2章起本文以目前主要商用的反应堆或者技术比较成熟的反应堆为基础，重点介绍了轻水堆、液态金属堆、气冷堆的发展。第3章主要从分布、装机容量、在建数量等方面，对上述堆型的现状进行介绍。第4章从未来核反应堆的发展进行了介绍，主要涉及六种堆型。第5章对核反应堆发展中的安全功能确定进行了介绍，使读者了解核反应堆发展过程中的安全保障。

本书由胡文超主编，毕金生、王昆鹏、赵传奇、李朝君、张盼、兰兵、叶远虑、刘希瑞、雷蕾、陈方强等参与编写。其中第1章第1节至第3节由胡文超执笔，第4节由陈方强执笔，李朝君校对；第二章第1节和第4节由毕金生执笔，第2节由张盼执笔，第3节由兰兵执笔，叶远虑校对；第三章由王昆鹏、刘希瑞执笔，叶远虑、张盼校对；第4章由赵传奇执笔，雷蕾校对；第5章由李朝君执笔，胡文超校对。

目　录

第一章 核反应堆起源

第一节　前言

美国核动力奠基人艾尔文·温伯格曾经说过：核能科学家好像与人类社会进行着一桩浮士德式的灵魂交易：一方面，核能科学家向人类社会提供一种取之不尽的新能源，这种能源如管理得法，几乎是没有污染的，只有热量与微量放射性释放到环境之中。反之，使用化石燃料不可避免地释放大量的碳、氮与硫的氧化物而污染环境。但另一方面，人类社会必须为享用这种奇妙的新能源而付出代价：这就是要建立一种前所未有的特别安全与稳定的新的社会结构。

1942年12月2日，芝加哥一批科学家在费米的带领下，实现了首次可控自持核反应，使美国进入了核时代。随着芝加哥堆的成功运行，美国曼哈顿组织开始了试图用核动力发电的计划，但使用核技术的计划直到1946年原子能法通过两年后才开始。1948年美国原子能委员会完成对曼哈顿区编制的民用核电计划的评定，自此，美国原子能委员会迈入了旨在最终从核电厂生产出有竞争力的商业用电的阶段。在核能的早期发展中，出现了不同类型的反应堆，有后续发展成功的堆型，有发展不成功的堆型，从核反应堆起源方面考虑，成功和不成功的反应堆同样重要，都对今后核能发展提供了基础。

今天，核能已能向世界提供约百分之十几的电能。然而在发展核能的过程中遭遇过许多困难与挫折，特别是发生了切尔诺贝利、三哩岛和福岛核事故。但人类不能够仅仅根据发展道路上的一些错误，就否定核能。我们应当认真分析所发生的各种事件，找出其中的原因，提出克服困难的途径，以作为在今后继续发展核能的经验与教训。

第二节　链式核反应堆理论基础

美国科学家Wigner作为理论核物理的奠基人之一，他对核物理一项最重大的贡献是提出了复合核的直观图像概念，在该模型中以^{235}U为例，它通常是分解为两个放射性的裂变产物加上2~3个中子。在极少的情况下，会生成^{236}U核而继续存在，同时发射γ射线将多余的能量带走，复合核形成过程见图1-1。

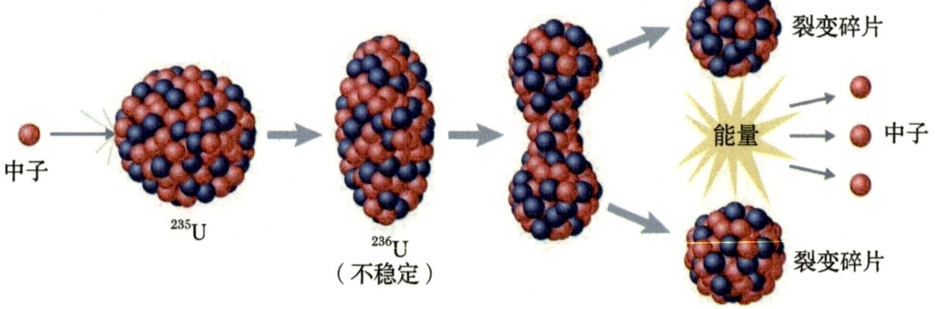

图1-1　复合核形成示意图

天然铀内^{238}U和^{235}U两种同位素都可以与快中子发生裂变反应，但只有^{235}U可以被慢中子裂变。要在天然铀中产生链式反应，需要创造如下条件：

（1）裂变产生的中子减慢到热能水平。因为具有此种能量的中子使^{235}U产生裂变的概率很高。使中子慢化的方法是在铀原料中加入“慢化剂”，即一种原子量低而且俘获中子的概率很小的物质，如重水、铍、石墨（碳），也有可能用普通水。

（2）需要将铀材料布置于慢化剂之中，使得中子在铀块之外进行慢化。若要在天然铀材料中产生链式反应，必须将铀制成块状，布置成点阵分散嵌入慢化剂之中。

（3）最后要使置于慢化剂中的铀块数量足够多，以致这一堆砌体达到足以使从该结构表面逃逸出的中子数目与从链式裂变反应中产生的剩余中子数目相平衡，当两者刚好处于平衡时，堆砌体是处于“临界”状态；如果堆砌体尺寸大于此（超临界），链式反应就会失控；若小于这个尺寸（次临界），链式反应就会衰减而停止。链式反应堆的理论分为两部分：一是确定增殖系数；二是确定临界尺寸。费米在1942年至1943年期间总共进行多次指数实验，并对结果进行了分析。

第三节 核反应堆起源

核能发展的最初目标是核武器，随着核能的发展，逐渐转向核能发电方面。由于反应堆每一主要组成部分，如燃料、冷却剂、慢化剂等都有好几种选择，因此反应堆的类型很多。核燃料可以采用^{233}U、^{235}U、

^{235}U，或者^{239}Pu；冷却剂可以采用普通水、重水、气体或液态金属；而慢化剂则可以采用普通水、重水、铍、石墨，或在快中子反应堆内不用慢化剂。如果把这些不同部分统统组合，可以构成很多种反应堆。因此，在开始发展核反应堆时，需筛选哪些堆型应该研究，哪些堆型该舍弃，不仅与国家核技术有关，还与当时的国际关系也有关，以下介绍主要以美国发展为主，同时简要介绍俄罗斯（苏联）和我国的核反应堆发展情况。

3.1 W 反应堆

在美国制定建造大型的钚生产堆的工程计划后，最初是选择氦作为高温高压的冷却剂。因为氦气不吸收中子，从而在反应堆内不会对无限增殖系数k造成损失。在当时专家Wigner对采用氦冷却反应堆的决定提出过疑问，他提议采用普通水作为另一种冷却剂。采用水冷具有巨大的优势，水甚至在未沸腾时就可以将反应堆内的热量带走，因此反应堆能在较低的温度下运行，从而避免高温运行所要解决的许多问题。这种反应堆将会产生链式反应，而且其临界尺寸也会在合理的范围之内。1942年年初，Wigner开始首次设计水冷反应堆的工作，该设计中装有链式反应铀棒的铝管是垂直放置的。反应堆设计功率为100 MW，每天可以生产100 g的钚材料。这个称为CE-140的报告于1942年4月发表，更加完整与详细的报告CE-197《水冷反应堆装置论证》于1942年7月发表。

在当时由于铀原料很稀缺，而石墨相对较为丰富，设计中总是采用铀装料最少的方案。这样的栅格中，慢化剂与铀的比值总是偏高。从而会出现因沸腾失水而造成严重后果的问题，杜邦公司采用了一种办法解决这种“沸腾病”问题：即在每个工艺管的入口处加上一个节流孔，使水在通过这些小孔时产生约每平方英尺（ft^2，1 ft^2=0.092 9 m^2）350磅（lb，lb=0.453 6 kg）的压降。由于水流下游的小障碍所形成的压降小于350磅，从而通过小孔射出去的水流就会将这些小障碍物冲走。1942年年底，Wigner完成了每天可生产500 g的500 MW水冷反应堆设计工作。

3.2 Fermi 反应堆

当1942年12月2日进行第一次链式反应时，Fermi的第一座反应堆建在一个运动场内，场地非常小，只有几十人被邀请到场参观，并向每位观众发了特别的蓝色的入场证章。由于实际观测到的反应堆临界尺寸的大小将判定Wigner计算方法的正确性。在建造这座反应堆的过程中，每添加一层铀和石墨之后，中子的强度就会升高到一个新的稳定值。通过观测这些中子连续增加的阶跃值，Fermi就可以准确地预测还需加多少层就能达到临界，后来人们称之为Fermi堆，Fermi堆如图1-2所示。

图1-2　Fermi 堆示意图

3.3 P-9 反应堆（重水慢化反应堆）

1942年Wigner和艾尔文·温伯格开始计算用重水慢化反应堆的研究，当时就发现了采用重水的最佳*k*值比采用石墨的*k*值约大10%。因此一个采用轻水冷却和重水慢化的反应堆在设计上比汉福特的石墨堆有大得多的灵活性，但问题在于重水本身，生产重水需要一种分离同位素的方法，这是一项非常艰难的任务。

1943年开始了重水堆的设计。该项目组队采用P-9作慢化剂的均匀反应堆和非均匀反应堆的临界尺寸和*k*值都进行了计算。由于重水的慢化性能比石墨好得多，中子在重水反应堆中，并不需要使中子在铀燃料外部进行慢化—这就是说，没有必要把铀燃料做成块状并排列成为栅格。可以把天然铀和重水的均匀混合物的*k*值大约为1.08。与此相比，一个优化的非均匀重水栅格的*k*值大约为1.2。

采用铀的重水溶液或悬浮液就可以建造钚生产堆。这样的反应堆将不再需要成千上万的精密加工的铀棒，也不再需要将冷却水输运到工艺管中的那些复杂的燃料管道系统。为此，在1943年至1944年之间，在芝加哥进行了一系列的试验，试图找出一种稳定的铀的水溶液或悬浮体。几年后发展出了由硫酸铀酰、硝酸铀酰和二氧化铀悬浮液这类均匀水溶剂反应堆。项目组曾经做过一些概念设计，但从未作出过类似于CE-407报告中汉福特反应堆那样的详细设计。直到1953年美国在佐治亚州萨凡纳河上建造了三座大型重水反应堆。

3.4 X-10反应堆

1942年9月在美国陆军工程兵接管曼哈顿工程之后，田纳西州的橡树岭就被选作“X”地区来建造所有原子弹原料生产厂。杜邦公司对于把钚生产堆建在橡树岭提出了正确的反对意见，理由是在该地建造三座250 MW的反应堆场地过于狭窄，而且附近的克林奇河也不能提供足够的冷却水。这样，钚生产堆就迁到了华盛顿州的汉福特，即所谓“W”地区。不过，Arthur Compton和陆军工程兵仍然决定在X区建造一座原型工厂，用来生产数以克计的少量钚，以便进行小规模实验，为W区建造的大型化学后处理厂提供经验。工厂被命名为克林顿实验室。它在橡树岭的厂址代号为X-10。

X-10反应堆是在足够高功率下运行并产生显著热量的第一反应堆，它的功率在1 000 kW以上。由于建造速度是关键性问题，反应堆内采用了最简单的冷却剂—即以高速流动的空气去冷却铝包壳的铀棒。艾尔文•温伯格估算了X-10堆的适当栅格参数、临界尺寸和控制棒的布置。在Fermi的指导下，设计工作顺利进行，反应堆于1943年11月达到了临界。这是世界上第二座人工链式反应堆，也是第一座具有足够大功率的反应堆，并能够在其中观察到链式反应的温度效应。

3.5 增殖堆

在重水反应堆设计之后，各个专家开始进行未来的核电厂方案的各种设想和设计。由于这是一个从未探索的崭新领域，各种新奇的思想不断涌现出来，从1944年到1945年大约一年期间，诞生了许多后来发展成今日核能技术的概念。

在1944年年初举行的新堆型委员会的一系列会议初，就提出了增殖反应堆概念，Fermi解释了增殖反应的原理，并指出由快中子引发的核反应中（如在原子弹中），实现核燃料增殖的可能性更大。这是由于在快中子产生的裂变反应中每次裂变所产生的中子数目要比2大0.5或者更多，因此对于增殖是十分有利的。

由于增殖堆中的链式反应由纯裂变物质如^{239}Pu或^{233}U产生，而不像在汉福特的反应堆那样采用天然铀；因此，维持链式反应的中子能量基本上可以由设计人员调节。相比之下，汉福特反应堆中的中子必须“慢化”到热能水平。Wigner和Harry Soodak 在1945年发表了一个关于快中子增殖堆的设计。大约同时，艾尔文·温伯格阐述了利用中等能量中子的增殖堆，还有Wigner 设计的利用热能中子的钍转换堆。

在新堆型的一次会议上，Fermi对增殖堆和核能的前景作了如下的预言。他提出了两个论点：第一增殖堆所产生的钚有可能落入那些企图制造原子弹的恐怖组织之手；第二，这种新能源会产生出巨大的放射性物质，因而人类将首次面临如何处理这样巨量放射性物质的难题。

3.6 压水堆

压水堆的发展主要涉及三个方面，分别是Snell实验，铀水栅试验和“鹦鹉螺号”核潜艇的研发。在1944年艾尔文•温伯格工作小组再度对采用轻水冷却和慢化的反应堆用于生产^{239}Pu的可能性产生兴趣。其中Snell实验是轻水堆走向成功的关键。在该试验装置里约有10 t铀棒，通过将这些铀棒堆在他的回旋加速器周围并测量其中子增殖系数，估算出天然铀的最佳k值仅0.2。通过Snell的试验表明：如果未经水慢化的话，这种铀棒相互之间的快中子效应可以将天然铀栅格的k值增加约0.2，在有轻水慢化的栅格中，k值的实际增加值为0.08——这足以使普通水与铀的栅格看上去相当接近于能够产生链式反应。

与此同时，克林顿实验室进行一系列的试验研究了普通水栅格的核性质。研究组在X-10反应堆的顶部进行了轻水栅格的实验。核专家Art将铀棒垂直而规则地排列在水中，铀棒之间充满了水。这样装置铀棒几乎紧靠在一起，中间只有很小的水隙。实验结果表明，最高的增殖系数达到0.99，仅比k=1略低一点，只要将^{235}U稍加浓缩，就可以实现链式反应堆。

另外，核能的军事应用促进了压水堆的发展，由于链式反应堆不需要氧气，而且核燃料的能量密度又特别高，它可以作为一个真正的水下动力装置。这种动力装置可以在水下无限期地运行，并且使潜艇行驶得和水面上一样快。于是压水堆就诞生了，不是作为一种商用动力反应堆，不是由于它比其他堆型价格较低或其固有安全性较高，而是由于它的体积小，适于作为舰艇核动力装置。而海军一旦成功地发展了压水堆，它就注定成电站的主要堆型。

3.7 苏联石墨水冷反应堆

1945年7月美国试爆了世界上第一颗原子弹并用于战争，苏联为了拥有与其争霸世界的军事资本，也开始研制自己的核武器，其中生产核裂变材料是研制原子弹过程中技术难度最大的环节。1945年8月斯大林签署《国防委员会专门委员会》第9887cc/on号密令，苏联全面启动核计划。

核裂变材料有^{239}Pu和^{235}U两种，为了尽快打破美国的垄断，苏联采取了钚弹和铀弹两种方案的原子弹同时研发的策略。利用反应堆生产 ^{239}Pu的方案有石墨堆、重水堆和铀—普通水反应堆。其中石墨堆和重水堆是当时苏联科学界公认最优工业发展前途的方法。由于生产重水的技术难度较大，再加上重水堆的物理装置更加复杂，所以重水堆的研发进度远远落后于石墨堆。

在1944—1945年间成立第一研究实验室，负责实验石墨堆Φ-1的相关研究，石墨堆的核燃料是核纯度金属铀，它有埃列克特罗斯塔利市的12厂供应，Φ-1装载了45 t金属铀。工程材料高纯度石墨由莫斯科电解厂、523厂提供。1946年7月Φ-1开始建设，11月15日开始组装石墨和金属铀，12月25日，Φ-1达到临界，这是苏联乃至整个欧亚大陆第一次实现了链式反应。1948年6月，石墨堆投入使用，从此，苏联开始了 ^{239}Pu的生产量历史。

Φ-1对工业反应堆的建设和运行具有非常重要的作用，借助获得的钚样品，科学家得以研究钚的物理和化学性质。其次明确了反应堆堆型和工程材料的尺寸、大小等物理参数。1952年苏联建成世界上第一座核能发电站，利用浓缩铀作为燃料，采用石墨水冷堆，电输出功率为5 000 KW，抛开了人类和平利用核能的新篇章

3.8 中国核反应堆

1950年中国科学院近代物理研究所成立，随后1953年，以钱三强为团长的中国考察团前往苏联进行考察。1955年中国与苏联签订《关于为国民经济发展需要利用原子能的协定》，这意味着在核科学领域，苏联方面将向我国提供一座7 000 kW的重水型实验性反应堆和一台直径

1.2 m的回旋加速器。1956年5月，苏联援建的“一堆一器”开工兴建。1958年6月我国第一座重水反应堆首次达到临界，它的建成标志着我国已经开始跨进了原子能时代。

第一座反应堆建成后，我国核科学研究的技术装备和实验手段有了显著的提升。在我国核电起步和发展中，1978年，中国原子能科学研究院建成我国第一座元件材料热室，为开展核电站燃料元件及材料辐照后性能检验及研究提供了重要技术手段；1986年圆满完成秦山核电站一期压水堆核燃料组件多次入堆考验任务；1991年为秦山核电站的首次启动，研制生产了压水堆核心部件——中子源棒（又称“点火棒”），填补了我国在该领域的空白，为我国核电起步做出了历史性贡献。

第四节　小结

从目前的角度来看，链式反应本身是简单的；但从当时的角度来说，它却又很不简单。尽管反应堆工程所涉及的都是众所周知的原理，如热传导、流体力学和机械设计。然而当时世界上没有一座在任何功率下临界运行的反应堆，在这种情况下要设计出一座500 MW的高功率链式反应堆，这是没有人敢想象的。目前，用在商业核电厂、海军的推进系统和研究设施中大约有1 000多座链式反应堆已经运行。

核能发展到今天，根据原子核产生能量的方式，可以分为裂变反应堆和聚变反应堆两种。当今世界上已建成和广泛使用的反应堆都是裂变反应堆。聚变堆目前尚处于研究设计阶段。裂变反应堆都是通过把重核裂变为两个中等质量核而释放能量。它是由核燃料、冷却剂、慢化剂、结构材料和吸收剂等材料组成一个复杂系统。按用途不同，裂变反应堆可分为生产堆、实验堆和动力堆。按冷却剂或慢化剂的种类不同可以分为轻水堆、重水堆、气冷堆和液态金属冷却快中子增殖堆。按引起裂变反应的中子能量不同，又可以分为热中子反应堆和快中子反应堆。通过本书的介绍，让公众对核反应堆和核反应堆的安全保障有更深的了解和认识。

第二章 核反应堆的发展

第一节　发展概述

核电从产生至今，经历了四代核电技术。第一代核电站的开发与建设始于20世纪50年代。1954年苏联成功建成电功率为5 000 kW的实验性核电站；1957年，美国建成电功率为9 000 kW的希平港原型核电站。20世纪60年代后期，在试验性和原型核电机组基础上，陆续建成电功率在30万kW以上的压水堆、沸水堆、重水堆等核电机组，它们进一步证明核能发电技术的可行性，这时期建成的核电站为第一代核电站。20世纪70年代，因石油涨价引发的能源危机促进了核电的发展，目前世界上商业运行的400多座核电机组绝大部分是在这段时期建成的，这段时期建成的核电机组为第二代核电技术。

美国电力研究院于20世纪90年代出台了“先进轻水堆用户要求”文件，即URD文件，用一系列定量指标来规范核电站的安全性和经济性。欧洲出台的“欧洲用户对轻水堆核电站的要求”，即EUR文件，也表达了与URD文件相同或相似的看法。国际上通常把满足URD文件或EUR

文件的核电机组称为第三代核电机组，与第二代核电机组相比，第三代核电技术具有以下显著特征：提高了安全性，降低了核电站严重事故的风险；提高了经济性，降低了造价和运行维护费用；采用现有核电厂已经验证的成熟技术。

与此同时，为了从更长远的核能的可持续性发展着想，以美国为首一些工业发达国家已经联合起来组成“第四代国际核能论坛”（GIF），进行第四代核能利用系统的研究和开发。第四代反应堆系统是指满足安全、经济、可持续发展、极少的放射性废物差生和先进的燃料增殖技术等。在安全性方面，第四代反应堆系统明显优于前三代反应堆的特点。其具有较低的堆芯损毁概率，在事故条件下无场外放射性释放，不需要场外应急，任何事故条件下都不会发生损害公众和环境。

第二节　重水堆的发展

重水堆是以重水作为慢化剂的反应堆。究竟什么是重水？与轻水有什么区别？大家知道，水（H_2O），由两个氢原子和一个氧原子化合而成。自然界的氢有三种同位素：氕、氘、氚。氕，原子核内有一个质子；氘，原子核内有一个质子和中子，相对质量比前者约大一倍，氘和氧的结合被称为重水，前者被称为轻水，一般20 t天然水中含有3 kg重水。重水与轻水比较，重水对中子的慢化能力只有轻水的1/7，但对中子的吸收概率却不到1/650，因此重水的中子经济性很高，用重水做反应堆慢化剂，可以降低对核燃料的要求。

2.1 重水堆基本介绍

重水堆以重水作慢化剂，冷却剂则可以采用重水或轻水。以轻水作冷却剂的重水堆代表为日本的普贤核电站，设计电功率为165 MW；按其结构特点又可分为压力壳式和压力管式。压力壳式重水堆单堆功率容量小，而堆芯尺寸则比相同功率的反应堆大得多；压力管式重水堆则不受尺寸的限制，还可实现不停堆装卸料和连续换料。压力壳式重水堆代表为阿根廷的阿图查Ⅰ和Ⅱ号核电站，由西德卡尔斯鲁厄核研究中心的多用途研究反应堆（MZFR，50 MW）发展起来，设计电功率分别为335 MW和745 WM。

截至目前，轻水冷却和压力壳式重水堆均未实现工业规模推广。世界上唯一得到大规模工业推广的重水堆核电技术，是加拿大研发的坎杜重水堆（CANDU Pressurized Heavy Water Reactor，简称“坎杜堆”），以重水作慢化剂和冷却剂，采用压力管结构设计。反应堆为不锈钢圆柱形排管容器组件，内盛重水慢化剂，其管板上布置有燃料通道，上部和侧向装有相应的反应性控制装置，卧式安放在充满轻水的混凝土内衬钢板的堆腔中。反应堆堆芯基本形状如图2-1所示。坎杜堆芯独特结构设计带来了诸多技术优势，天生具备四大法宝：中子经济性好、不停堆换料、固有安全性高和同位素生产能力，使得这种反应堆技术可以更好地适应核电持续发展的需要。

图2-1　坎杜重水堆反应堆示意图

坎杜重水堆核电厂以圆柱形的安全壳即反应堆厂房为核心，在其周围围绕有核辅助厂房、燃料厂房和电气控制厂房及汽机厂房等。反应堆的裂变能用重水冷却并通过和燃料通道相连的冷却系统导出堆外，并在蒸汽发生器中经热交换使二次侧的轻水变成蒸汽，蒸汽推动汽轮发电机发电。在蒸汽发生器侧的重水经热交换后，再经主泵送回反应堆。坎杜重水堆核电厂发电流程如图2-2所示。

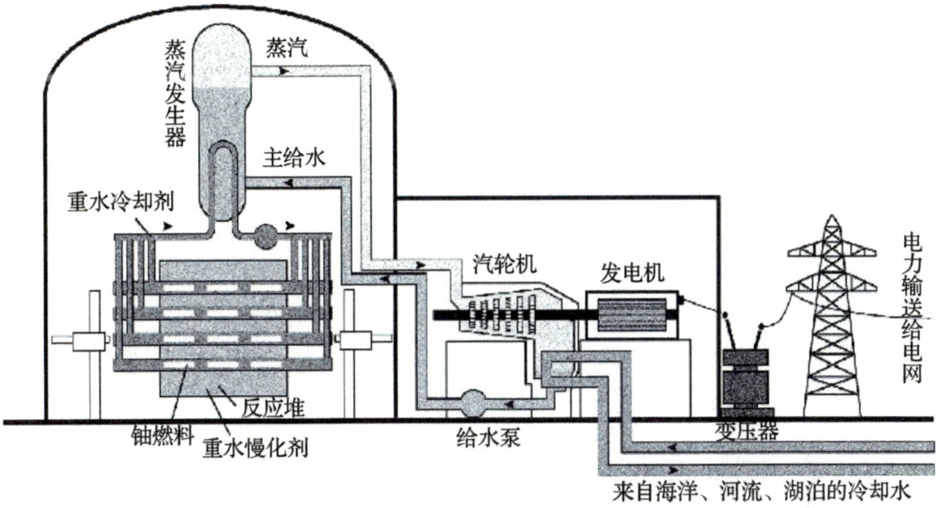

图2–2 坎杜重水堆核电厂发电流程简图

2.2 坎杜重水堆发展历程

自从1945年加拿大乔克河（Chalk River）实验室建立了零功率实验堆（ZEEP）并且实现了美国以外的首次可控链式裂变反应之后，坎杜重水堆的发展历经如下三个发展阶段。

第一阶段 基础研究发展期

1945年安大略乔克河实验室建立10 W研究堆ZEEP，具体见图2-3。尽管只有一个很小的装置（不到3 m高），但它的历史作用是成为加拿大核纪元的揭幕者和催化剂，并且实现了美国之外的第一座可控链式反应装置。并先后于1947年和1957年分别相继建成了热功率为42 MW的NRX和200 MW的NRU研究堆。同时，安大略水电局对核动力发电发生了浓厚兴趣，期望核电能替代一部分煤电。因此乔克河实验室成立一个核动力研究组，在总结ZEEP、NRX和NRU设计和实验研究的基础上，设计完成了第一个用于发电的重水堆NPD，电功率仅为22 MW，尽管NPD的功率比目前坎杜型堆低得多，但NPD为新型燃料棒束设计、压力管材料的选取、新仪表和其他部件提供了一个良好的试验场所。

图2-3 ZEEP研究堆外景图

第二阶段 商用原型堆发展期

1957年，AECL和安大略水电局决定开始详细设计论证和开发200 MW道格拉斯角原型商用电厂，其功率为NPD的10倍，该电厂广泛使用电子计算机处理数据和部分采用计算机控制，是世界上第一个采用程控计算机来定位反应性控制元件。同时为了与同样容量的多机组新型燃煤电站相竞争，积极应对安大略水电局电力系统的快速扩展计划，建设大容量的核电机组满足安大略省蓬勃发展经济。1964年，AECL和安大略水电局联合研究设计皮克林A核电厂（550 MW），这是第一座商用坎杜核电厂。1968年安大略水电局决定在毗邻道格拉斯电厂建4台745 MW的布鲁斯A核电厂，见图2-4，它是在皮克林核电厂运行经验反馈基础上做了许多修改，以适应功率增加和提高核电厂的可靠性需要。

图2-4　布鲁斯A核电厂外景图

第三阶段　工业化发展和规范化设计研究期

继布鲁斯A之后，加拿大原子能公司（AECL）通过不断改进、完善和采用先进技术，如：厂房合理布置、采用计算机控制等，推出了以尖提利（638 MW）为代表的CANDU-600级以及布鲁斯B（860 MW）CANDU-900级核电厂。其后又在CANDU-600上改进产生CANDU-6型重水堆是当前世界上技术比较成熟的核电厂之一。韩国月城1、2、3、4号机组以及罗马尼亚的倩那瓦达1、2号机组均采用CANDU-6型，中国秦山三期核电厂1、2号机组同样也采用CANDU-6型，电功率为728 MW，如图2-5所示。CANDU-6型作为加拿大重水堆标准化设计，建造数量和装机容量占重水堆核电厂极大部分，为目前在运重水堆核电厂的主流型号。其技术成熟先进性能好、容量因子高、建造周期短、经济性好，得到大规模工业推广。不仅可以充分利用压水堆乏燃料、钍铀和铀钚混合燃料，为未来提供充分的燃料循环灵活性也便于继续向第三代半设计ACR-1000以及第四代超临界水冷堆技术发展。

图2-5　秦山三期厂区外景图

2.3 先进坎杜堆技术最新进展

加拿大原子能公司的坎杜重水堆是一种优秀的商用堆型，具有压水堆等所不具备的一些优势特点。为了应对未来能源新需求以及反应堆安全高标准，加拿大原子能公司着手开展先进坎杜堆的设计与研发，技术发展路线如图2-6所示。

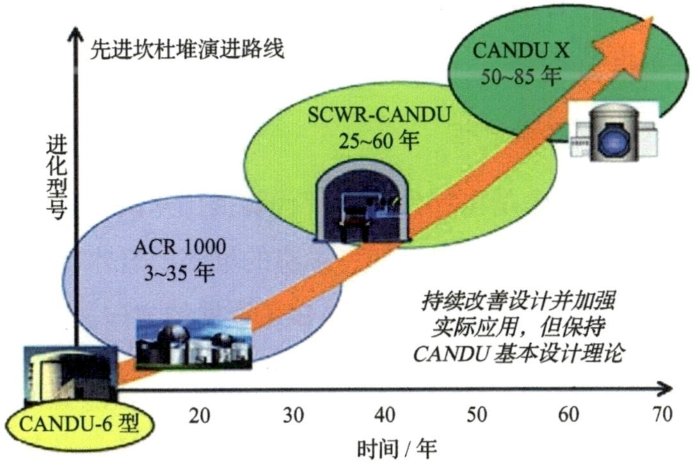

图2-6 先进坎杜堆技术发展路线图

（1）先进重水堆（ACR-1000）

加拿大原子能公司在CANDU-6型成熟机组技术的基础上，开发了融合轻水堆和重水堆优点的第三代半的渐进革新型设计的先进CANDU反应堆ACR-1000，功率为1 200 MW。保留坎杜堆型的优势特点的同时，引入一系列经过验证可行的设计革新和成熟技术的集成优化应用，可达到更高的安全性标准和更高的运行性能，建造更快，造价更低，运行更为经济。

（2）超临界重水堆（SCWR -CANDU）

第四代压力管式超临界水冷堆，作为ACR-1000设计的自然延伸，采用超临界水为冷却剂，保留重水为慢化剂。由于作为冷却剂的超临界水密度变化会很大，尤其当堆内水温超过临界点时变化尤为显著，而采用压力管式堆芯结构的坎杜堆，堆内慢化剂和冷却剂相互分离，相邻通道冷却剂流向交错，不会受到太大影响，因此坎杜堆具备发展成超临界水堆的先天优势，目前已经被“第四代国际核能论坛”（GIF）推荐为未来六种优选堆型之一。

（3）CANDU X概念堆

CANDU X的概念是在20世纪90年代初提出来的，其中不少理念已经被应用到ACR-1000技术中，如：紧凑的堆芯、轻水冷却、先进燃料及燃料循环方式等。CANDU X将是AECL发展的方向。而CANDU X的发展可能会给现在的技术水平带来一场革新。

第三节　液态金属堆的发展

液态金属堆主要是指采用液态金属作为冷却剂的反应堆。目前，主要在快中子增殖堆（快堆）中采用了液态金属作为冷却剂。快中子增殖堆，顾名思义是采用快中子（平均能量约0.25 MeV，相对于压水堆中热中子能量的100万倍）使易裂变燃料产生可控持续的链式核反应的装置。快堆技术的发展和推广，对促进我国核电可持续发展和先进燃料循环体系的建立具有重要意义。目前，快堆中主要采用液态钠或液态铅（铅-铋合金）作为冷却剂。

3.1 液态金属钠冷快堆

液态金属钠冷快堆的原理图，如图2-7所示。

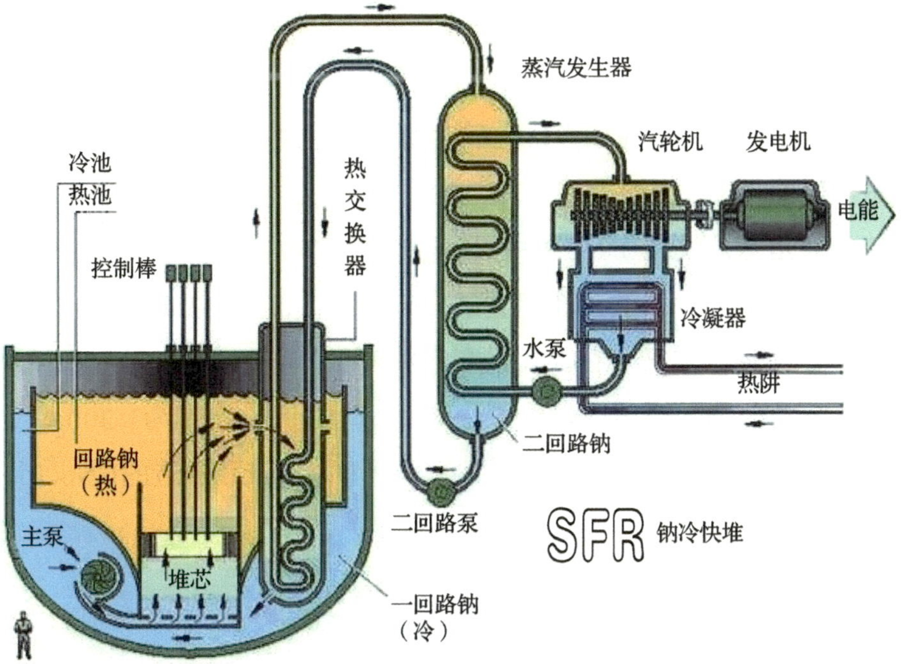

图2-7　液态金属钠冷快堆原理示意图

（1）世界钠冷快堆的发展

1946年，美国建成世界上第一座快堆Clem-entine。在快堆的发展初期阶段，主要是通过建造小型实验快堆来验证各种的科学概念。这一阶段一直持续到20世纪70年代，当时发生了石油危机，国际上试图加快推进商用快堆的进程，商用快堆设计电功率约为1000 MW左右。由于当时已建成验证性实验快堆的电功率都在66 MW以下，考虑到直接跨越到商用快堆的技术经济风险太大，选择功率规模为250~600 MW电功率的原型快堆作为过渡。世界各国已经建成的原型快堆有俄罗斯（苏联）的BN350、BN600；法国的凤凰快堆；英国的PFR和日本的MONJU等。在验证了快堆可作为核电站运行后，为了验证快堆的运行经济性，国际上也建成过一些不带发电系统的、专用于燃料和材料辐照考验的实验堆，如法国的狂想曲Rapsodie、日本的长阳快堆JOYO、美国的FFTF快堆等。

21世纪以来，各国加快快堆研发的步伐，许多国家都已经开展了商用示范快堆的设计乃至建造工作。2015年12月，俄罗斯在别洛亚尔斯克建造的商用示范快堆BN800并网发电（如图2-8）。截至2016年，全世界钠冷快堆的运行年数已经超过了430堆•年（1个反应堆运行1年等于1堆•年），钠冷快堆技术在很大程度上得到了工程验证。世界上已经建成的功率最大的钠冷快堆是建造于法国里昂附近的电功率为1 200 MW的超凤凰堆。世界上运行记录最良好的是俄罗斯设计和建造的BN600快堆核电站。

图2-8　俄罗斯BN800钠冷快堆核电站

（2）我国钠冷快堆的发展

我国在20世纪60年代中期就开始钠冷快堆技术的研究，先后经历三个阶段。① 基础技术研究阶段：1965—1987年，该阶段主要致力于基本理论研究、快堆发展规划研究和技术路线选择研究。同时建设了一批小型实验室，开始了一些有关快堆技术的基础研究。② 应用技术研究阶段：主要是1987年至1992年，该阶段钠冷快堆发展被纳入了国家高新技术研究发展计划，获得专款建设了一批实验设施。③ 工程技术验证阶段：主要是1992年至2011年，该阶段以65 MW研究性快堆为建设目标，于2010年完成了我国第一座钠冷实验快堆（图2-9）的建设，2011年实现了40%功率并网发电24小时的既定工程目标，2014年年底实现了100%功率运行72小时的工程设计目标。2014年10月，国家批准示范快堆工程项目的总体规划方案。2015年7月31日，该示范工程正挖施工启动。示范快堆工程采用单机容量600 MW的快中子反应堆，计划于2023年建成投产。

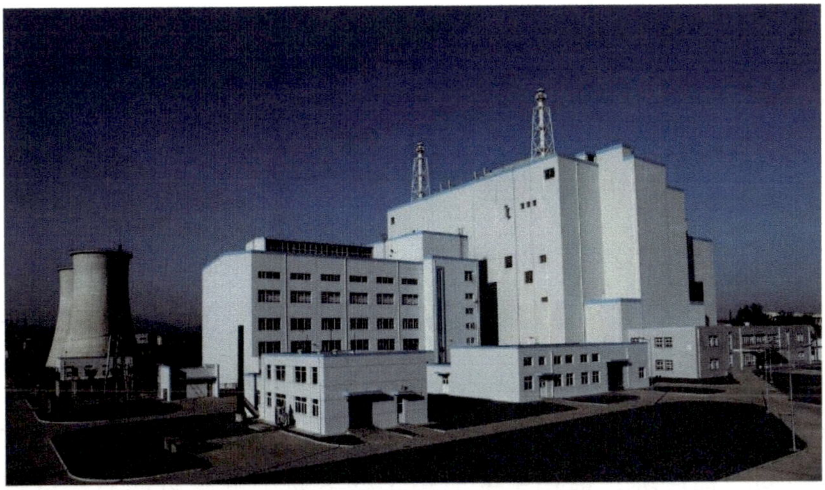

图2-9　中国钠冷实验快堆

3.2 液态金属铅冷快堆

液态金属铅冷快堆原理图如图2-10所示。

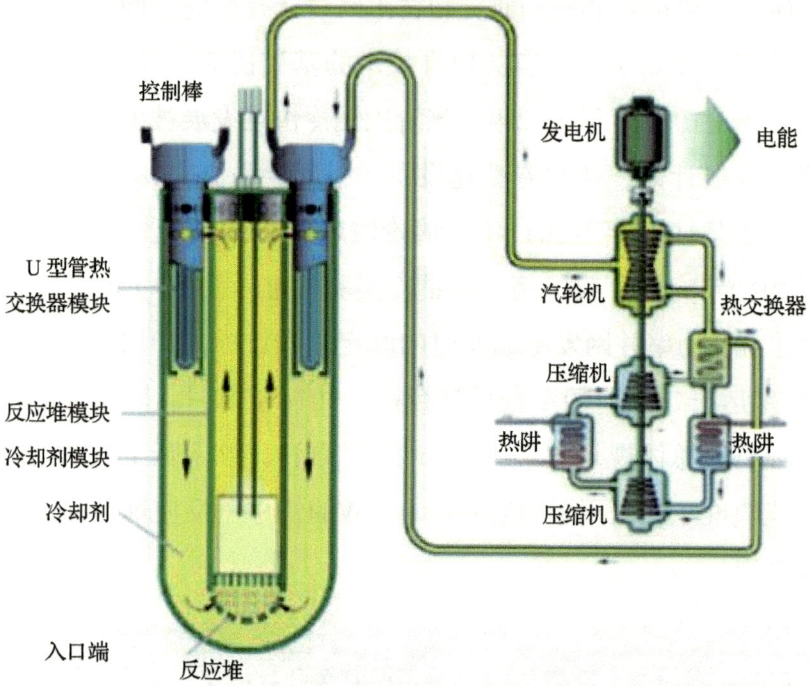

图2-10　液态金属铅冷快堆原理示意图

（1）世界铅冷快堆的发展

在1946年至1952年，第一座液态重金属冷却的快堆已经开始运行，冷却剂为液态金属汞，最大输出热功率为25 kW。直到20世纪90年代国际上关于铅冷快堆的研究工作才大量开展。目前俄罗斯、美国、韩国等国家技术较为成熟。① 俄罗斯：在20世纪50年代，苏联就开始研究液态铅/铅铋冷却快堆，最初主要应用于核潜艇。苏联解体后，俄罗斯继续开展铅冷快堆的研究。在20世纪90年代后期，俄罗斯发布民用铅冷快堆的发展计划，具体是：发展适合边远地区独立能源项目的100 MW小型铅冷快堆；发展300 MW中型铅冷快堆；后续将发展1 200 MW的堆型。② 美国：在20世纪50年代，美国为了研究先进核潜艇反应堆开始了铅冷快堆的研究。在21世纪初，美国能源部宣布重新启动铅冷快堆研究计划，并针对核废料嬗变处理和小型模块化铅冷快堆分别设立了ABR项目和SSTAR项目。其中ABR项目的铅铋反应堆设计电功率为300 MW，主要用于锕系元素嬗变的相关基础科学研究；SSTAR是可以在运输容器中运输的小型模块堆，满足岛屿上的能源供应需求，设计电功率为20 MW。③ 韩国：韩国从20世纪末就开始了铅冷快堆的研究工作，其中国立首尔大学（SNU）作为韩国的铅冷快堆技术研究中心。2011年，SNU对外推出PASCAR的设计方案，PASCAR采用地下核电站设计，使用液态铅铋作为冷却剂。同时SNU也致力于设计具有钚燃烧能力的PEACER-300反应堆，该反应堆可在自身的封闭燃料循环中重复利用所有的次锕系元素。

（2）我国液态铅冷快堆的发展

2009年，中国科学院开始研究基于铅/铅铋冷却的加速器驱动的次临界系统。2011年，中科院启动战略性先导技术专项“未来先进核裂变能-ADS嬗变系统”研究项目，并将中国铅基反应堆（CLEAR）列为候选堆型，开始部署我国在铅基快堆方面研究工作。中国科学院核能安全技术研究所FDS团队在该项目的支持下，针对CLEAR全面开展研发工作，计划通过研究实验堆CLEAR-I（10 MW）、工程演示堆CLEAR-II（100 MW）、商用原型堆CLEAR-Ⅲ（1 000 MW）三期实现商业应用（如图2-11）。

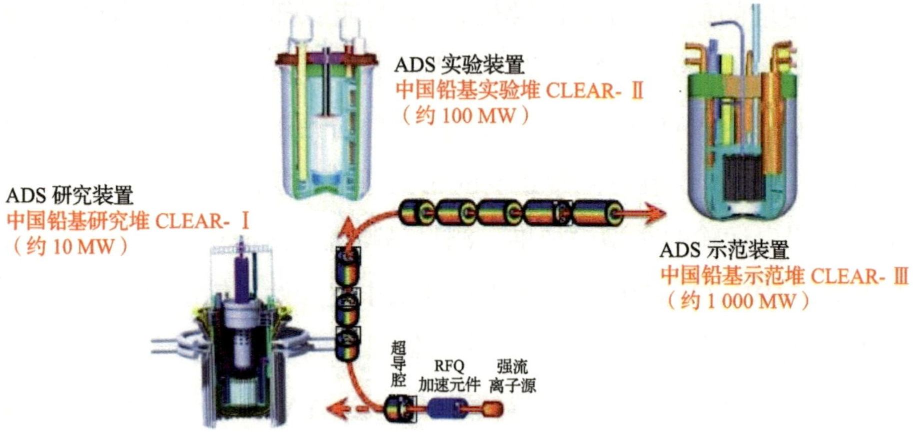

图2-11　我国铅冷快堆发展计划

第四节　气冷堆的发展

高温堆是采用涂敷颗粒燃料，出口温度高的核反应堆。堆芯出口温度为850~1 000℃，甚至更高。高温反应堆也称为高温气冷堆（HTGR）。高温气冷堆使用氦气冷却，以石墨作慢化剂。根据堆芯形状，高温气冷堆分为球床高温气冷堆和棱柱状高温气冷堆。高温气冷堆具有高度的固有安全性：事故工况下，堆芯余热可依靠自然对流导出。并且氦气化学稳定性好，传热性能好，诱生放射性小。高温气冷堆还具有热效率高（40%~41%），燃耗深（最大高达20 MWd/tU），转换比高（0.7~0.8）等优点，提高了燃料的经济性。核燃料不仅可以使用低浓铀，也可以使用高浓铀和钍燃料，实现钍—铀燃料循环。

高温气冷堆具有高度的固有安全性、高热效率和燃耗深等特点，已成为第四代先进核能系统之一。国际上高温气冷堆的设计重点逐渐从大功率级反应堆向具有更低功率密度更安全的模块化设计转变。设计概念的变化如下：

（1）20世纪60年代，在西德、美国、英国成功建造和运行了高温气冷实验堆。

（2）20世纪70年代在西德、美国分别建造了电功率为30万kW的高温气冷堆原型电站，之后设计了100万kW以上的大型高温气冷堆核电站。

（3）在20世纪80年代，与先进轻水堆发展的同时，由西门子/Interatom GmbH 合资公司发展了HTR模块式电站的概念，1987年前完成了HTR-Module的初步设计。

（4）1988—1992年美国GA公司完成了MHTGR（Modular High Temperature Gas-cooled Reactor）的初步设计。

（5）模块式高温气冷堆的概念-固有安全概念：依靠热辐射、热传导非能动载出衰变热；限制单堆功率，保证在任何事故工况下燃料最高温度不超过1 600 ℃的限值温度；模块化设计和建造，提高经济性。

4.1 国际上高温气冷堆的发展

高温气冷堆设计最早是于1947年由橡树岭国家实验室的工作人员提出的。桃花谷反应堆（Peach Bottom）是美国第一座用于发电的高温气冷堆，从1966年成功运行到1974年。高温气冷堆也存在于英国的龙反应堆（Dragon）和德国的AVR反应堆和THTR-300反应堆。目前日本拥有的HTTR高温堆，采用棱柱状燃料结构，功率30 MW。中国现有HTR-10反应堆，属于球床高温气冷堆，功率10 MW。并且正在建设两个全尺寸高温气冷堆HTR-PM，功率为100~195 MW。国际上20世纪80年代后改变了高温气冷堆的设计方向，重点设计采用低浓铀-钍燃料的模块式高温气冷堆。这种堆电功率较小，一般在200 MW以下。模块式高温气冷堆是以一个堆为一个模块，不同数目的模块可以组成不同功率的高温气冷堆电站。表2-1列出了国际上几座典型高温堆的基本情况。

表2-1 国际典型高温堆的基本情况

名称	国家	堆型	燃料	功率/MW
AVR	德国	HTGR	Th+HEU	15
THTR-300	德国	HTGR	Th+HEU	300
HTR-Modul	德国	HTGR	LEU	80
PBMR	南非	HTGR	LEU	165
龙堆（Dragon）	英国	HTGR	Th+HEU	20
桃花谷（Peach Bottom）	美国	HTGR	Th+HEU	40

（1）德国AVR

德国仅有的两座高温研究堆为15 MW的AVR和300 MW的THTR反应堆，两者都是由勃法瑞公司设计的。AVR反应堆是一个原型球床高温堆（如图2-12所示），首次电网连接是在1967年，并于1988年停止运行。反应堆用于反应性的研究和球床燃料组件的开发和测试。氦气出口温度为950 ℃，但燃料温度很高，存在不稳定性。整个反应堆压力容器存在严重的^{137}Cs和^{90}Sr污染，一些污染也被发现在土壤中和反应堆的地下水中。AVR的技术被许可用于制造中国HTR-10的基础。

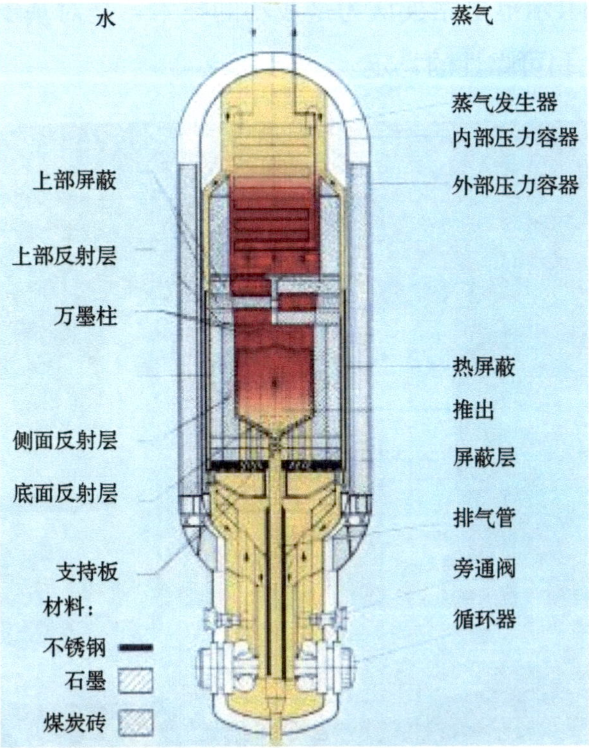

图2-12 AVR堆芯结构示意图

（2）德国THTR-300

THTR-300（Thorium High-Temperature Reactor）是额定功率为300 MW的大型高温反应堆（如图2-13所示）。1983年首次达到临界，并于1989年9月1日关闭。球堆芯由约670 000个压缩的球形燃料组成，每个燃料颗粒为^{235}U和^{232}Th嵌入在石墨基体中。采用预应力混凝土压力容器包围着球堆芯和空气冷却塔。

THTR运行中发现了一些问题，包括插入堆内控制棒时的燃料元件破损、堆芯出口温度梯度引起的热管段故障、燃料控制系统很难限制初始再燃活性区小于40%功率、一回路系统过多的石墨灰尘等。尽管有这些问题，THTR示范电站被认为是成功的技术，是对基于球床堆芯概念的HTR安全性和可靠性的肯定。

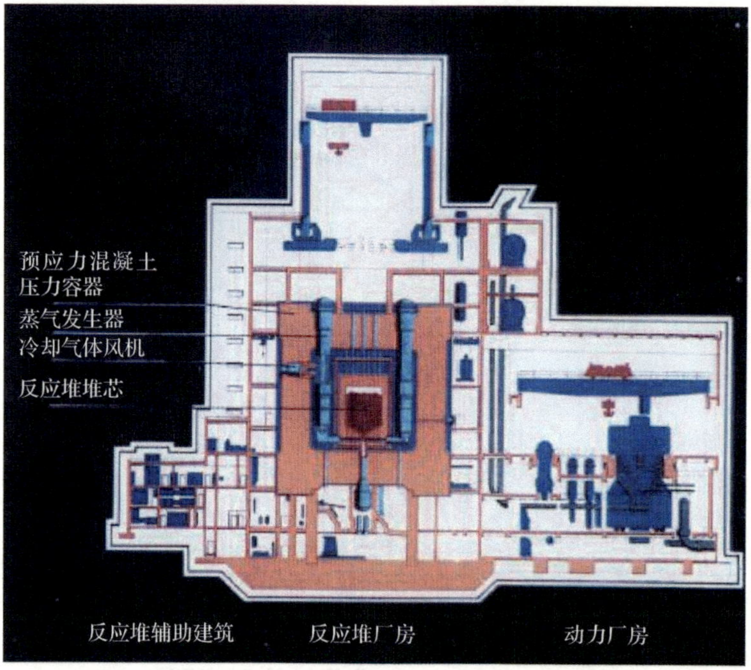

图2-13 THTR反应堆系统示意图

（3）德国HTR-Modul

80年代早期，德国开始逐渐从大型HTR反应堆向具有更低功率密度更安全模块化设计转变，就像20世纪80年代后期设计的HTR-Modul反应堆（如图2-14所示）。HTR-Modul是一个供热电厂，利用余热发电和产生蒸汽。该电厂反应堆中有两个核蒸汽供应回路。每个环路由一个钢制压力容器的反应堆，蒸汽发生器位于单独压力容器中，热管段和冷管段连接压力容器和蒸汽发生器。设计功率为80 MW。HTR-Modul的燃料设计是基于低富集度铀（LEU）燃料元件设计的，也是参考了PBMR（Pebble Bed Modular Reactor）燃料的设计。

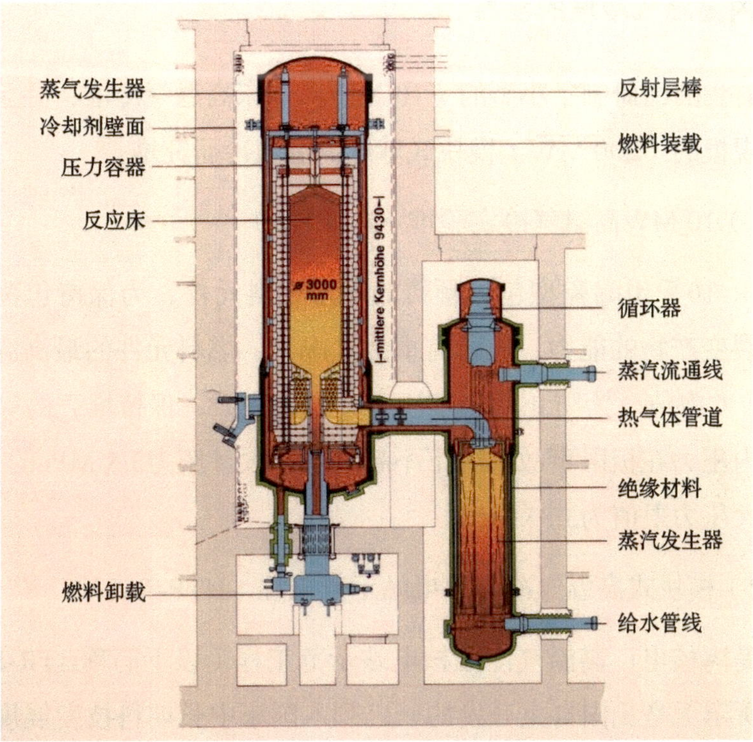

图2-14　HTR-Modul反应堆系统示意图

（4）南非球床模块式反应堆（PBMR）

球床模块式反应堆（PBMR）是一种特殊的球床反应堆，自1994年以来正在由南非公司设计开发。PBMR（Pebble Bed Modular Reactor）为模块式高温气冷堆，采用低富集度的UO_2燃料，以氦气为冷却剂。PBMR具有固有安全性的特点，这意味着不会有人为错误或设备故障导致事故的可能。PBMR是针对中小型堆的设计模块，最佳的模块规模为165 MW。设计理念是在德国AVR和THTR反应堆基础上的，但进行了修改，反应堆驱动一个布雷顿闭式循环燃气轮机。堆芯设计是环形的，中心圆柱体作为中子反射层材料。

4.2 国内高温气冷堆的发展

目前我国已研制了小型的（10 MW）球床高温气冷堆，并且正在研究更大规模的（200 MW）模块式球床高温气冷研究堆。

（1）10 MW高温气冷实验堆（HTR-10）

HTR-10采用陶瓷型包覆颗粒的球形燃料元件，为保持包覆燃料颗粒滞留裂变产物的能力，在所有事故工况下，燃料元件的最高温度不超过1 230 ℃限值。为防止反应堆压力壳整体失效，保持堆壳的完整性，要求堆内压力在极限事故工况下不超过堆壳设计压力3.5 MPa的110%，堆内最大压力限值为3.85 MPa。

（2）模块式高温气冷堆核电站示范工程（HTR-PM）

石岛湾核电厂高温气冷堆核电站示范工程（以下简称HTR-PM，如图2-15所示）是我国自主开发的，已列入国家中长期科技发展规划重大专项的先进核电厂项目。该项目将使我国建成国际上第一座商用球床模块化高温气冷堆。

图2-15 HTR-PM反应堆结构示意图

HTR-PM为球床模块式高温气冷堆，发电功率200 MW。HTR-PM采用“TRISO”包覆燃料颗粒的全陶瓷型球形燃料元件。为保持包覆燃料颗粒滞留裂变产物的能力，在所有事故工况下，燃料元件的最高温度不超过1 620 ℃限值。为防止一回路压力边界整体失效，保持一回路压力边界完整性，要求堆内一回路压力在极限事故工况下不超过反应堆和蒸发器压力容器设计力8.1 MPa的104%，即一回路最大压力限值为8.42 MPa。

第三章

核反应堆的现状

核电是一种几乎没有温室气体释放的低碳绿色能源。温室气体有很多种，但其中最主要的是二氧化碳，因此衡量一个能源系统的温室气体排放情况通常用温室气体排放系数，即每生产一度电向环境排放多少克等效二氧化碳来度量。据科学家计算分析，我国燃煤电厂的温室气体排放系数等效CO_2约为1 302.3 g/（kW•h）。核电厂虽然自身不排放温室气体，但考虑到它在建造和运行中所用的材料，其燃料链温室气体的排放系数等效CO_2约为13.7 g/（kW•h），只有同等规模煤电厂的1%左右，因此，核电为当之无愧的低碳绿色能源。

截至2019年1月，世界上共有454座发电用反应堆，核电装机容量400 285 MW，约占总装机容量的10.5%，反应堆的种类及数量如表3-1所示，另有55座反应堆正在建设当中，运行的反应堆在世界上的分布如表3-2所示。截至2019年1月，中国在运核电机组45台，装机容量约4 590万kW，在建核电机组11台，装机容量约1 218万kW，中国大陆核电厂分布如图3-1所示。到2020年我国在运核电厂预期将达到5 800万kW，世界排名第二位。

表3-1 世界反应堆现状*

序号	堆型	堆型名称	数量/个	功率/MW
1	压水堆	Pressurized Light-Water Moderated and Cooled Reactor	301	285 246
2	沸水堆	Boiling Light-Water Cooled and Moderated Reactor	72	71 102
3	重水堆	Pressurized Heavy-Water Moderated and Cooled Reactor	49	24 598
4	轻水冷却石墨慢化堆	Light-Water Cooled, Graphite Moderated Reactor	15	10 219
5	高温气冷堆	Gas Cooled, Graphite Moderated Reactor	14	7 720
6	快堆	Fast Breeder Reactor	3	1 400
总计			**454**	**400 285**

注：*截至2019年1月

表3-2 世界研究堆的分布

地域	数量/个	功率/MW
非洲	2	1 860
拉丁美洲	7	5 069
北美洲	117	112 887
亚洲远东地区	116	108 890
中亚及南亚	28	8 488
东欧和中欧	72	53 293
西欧	112	109 798
总计	**454**	**400 285**

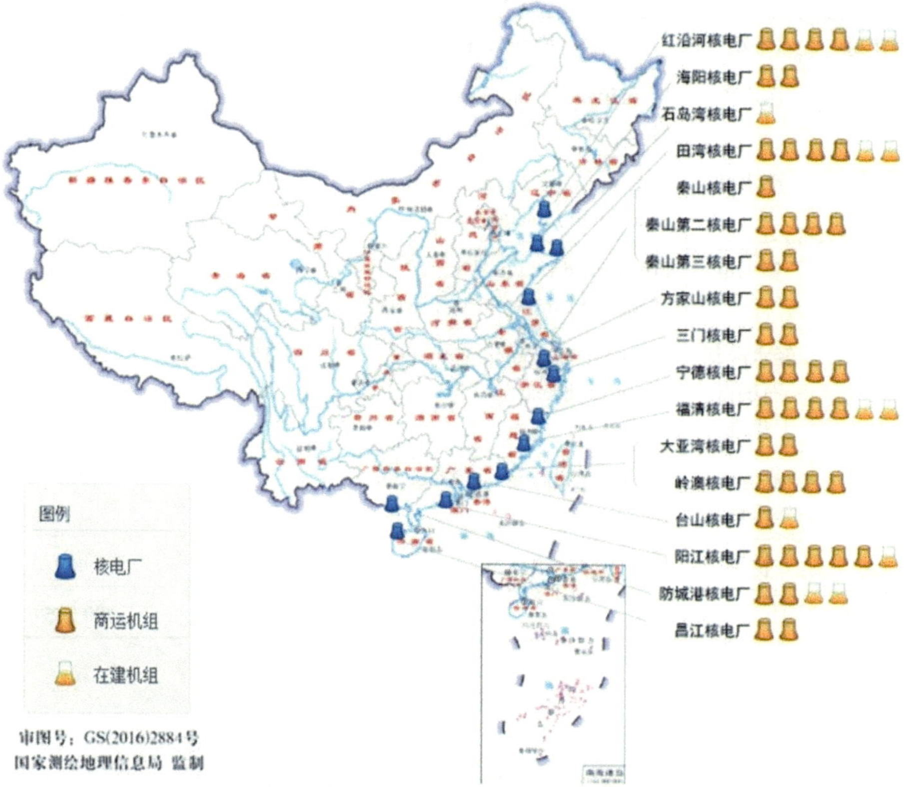

图3-1　中国大陆核电厂分布图（截至2019年1月11日）

经过科学测算，1 kg^{235}U释放的能量相当于2 700 t标准煤释放出的能量（如图3-2）。核能分为核裂变能和核聚变能两种，现在核电厂利用核能的方式是可控核裂变反应，可控核聚变还正在研究当中。核裂变能不是像火电厂那样通过化学反应释放出能量，而是通过原子核发生变化释放出能量。

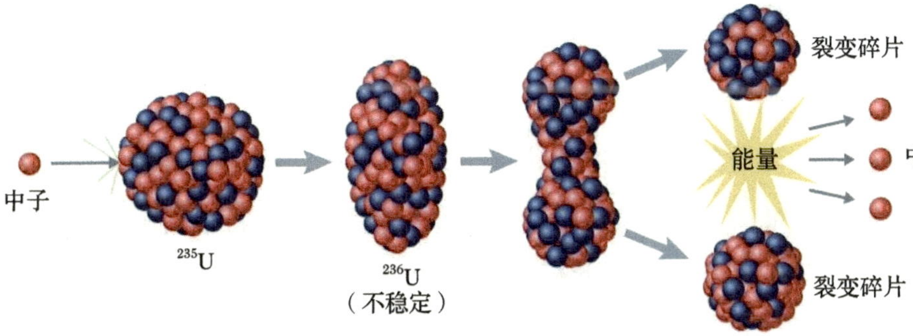

图3-2　链式核反应

核反应堆是一个维持和控制核裂变链式反应，从而实现核能到热能转换的装置。反应堆由堆芯、冷却剂系统、慢化剂系统、反射层、控制与保护系统、屏蔽系统和辐射监测系统等组成。核反应堆是核电厂的心脏，核裂变链式反应在其中进行。链式裂变反应释放出来的能量，绝大部分首先在燃料元件内转化为热能，然后通过热传导、对流传热和热辐射等方式传递给燃料元件周围的冷却剂；而小部分能量则直接在慢化剂中转化为热能。

目前世界上有大小反应堆上千座，其分类也是多种多样的。反应堆按中子能谱分有热中子堆和快中子堆。反应堆按冷却剂分有轻水堆、重水堆、气冷堆和液态金属堆。其中的轻水堆又可分为压水堆和沸水堆；气冷堆中代表性的堆型是高温氦气冷却石墨球床堆，简称高温气冷堆；液态金属冷却堆的代表堆型是钠冷快中子增殖堆，简称钠冷快堆。反应堆按用途分为研究堆、生产堆和动力堆等，生产堆主要是用于生产军用钚和氚。

第一节　压水堆

压水堆最初是美国为核潜艇设计的一种堆型，然后逐渐发展到陆地上来。以压水堆为热源的核电厂称为压水堆核电厂，它主要由核岛和常规岛组成。在压水堆核电厂的核岛中，最主要的四大部件是堆芯、蒸汽发生器、稳压器和主泵。而常规岛主要是汽轮发电机组以及相关的辅助系统，核电厂的二回路与常规火电厂的蒸汽动力回路基本相似。

压水堆的冷却剂是轻水，因为轻水不仅价格便宜，而且具有优良的热传输性能。由于轻水的慢化能力及热传输能力都好，所以用轻水做慢化剂和冷却剂的轻水堆，结构紧凑，堆芯的功率密度大。在压水堆中，轻水不仅作为中子的慢化剂，同时也用作冷却剂。因此，压水堆是一种使冷却剂处于高压状态的轻水堆，现在我国大部分核电厂是压水堆核电厂。

在天然铀中，^{235}U的丰度只有大约0.7%，是无法直接在压水堆中使用的。压水堆采用的是^{235}U的富集度（^{235}U同位素占的重量百分比）约为3%～5%的低浓铀。浓缩后再通过化学方法制得二氧化铀粉末，然后高温烧结，得到圆柱形二氧化铀陶瓷芯块。直径约8 mm，高约13 mm，称之为燃料芯块（如图3-3所示）。烧结好的燃料芯块一个一个地重叠着放在外直径约9.5 mm、壁厚约0.57 mm的锆合金管内，称为燃料元件包壳管。锆合金管两端有端塞，燃料芯块完全封闭在锆合金管内，构成燃料棒。这些燃料元件呈细长的棒状，用多个定位格架定位，并组装成燃料组件（如图3-4所示）。每一个燃料组件包括两百多根燃料棒，一般是将燃料棒排列成17行17列的正方形燃料棒束，组成燃料组件。燃料组件中间有一些棒的位置放置了空心管，以便插拔控制棒。控制棒是含镉、铪的金属棒，核反应堆的启、停和核功率的调节主要由控制棒控制。

图3-3 二氧化铀陶瓷芯块

图3-4 燃料组件

燃料组件一个一个地排列在一起，并用上、下栅格板固定起来，这样就组成了一个接近圆柱形的堆芯。堆芯由一百多个燃料组件拼装而成，这些燃料组件总共包括几万根3米多长、比铅笔略粗的燃料棒。整个堆芯放置在一个圆柱形的承压容器内，是核反应堆的心脏（如图3-5所示）。

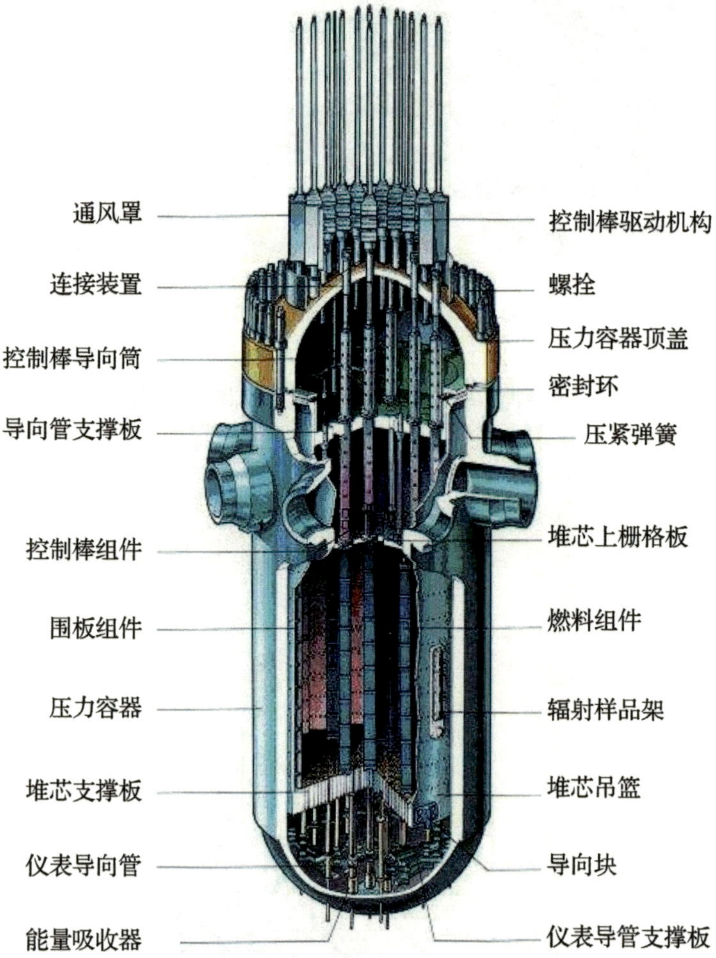

图3-5　压水堆堆芯

冷却剂流过堆芯后吸收堆芯释放出来的热量，温度升高，密度降低，从堆芯上部流出。一般入口水温300 ℃左右，出口水温330 ℃左右，堆内压力保持在150个大气压（atm，1 atm=101.325 kPa）左右。冷却水被封闭在冷却剂回路内往复循环，并在循环过程中不断进行净化，净化后再返回到冷却剂回路。冷却剂回路也称为一回路。

在冷却剂的出口和蒸汽发生器之间设有稳压器，稳压器是一个空心圆柱体，里面大约一半水一半汽，用可压缩性比较好的蒸汽来缓冲压力的波动。冷却剂从蒸汽发生器的管内流过后，经过冷却剂回路循环泵又回到反应堆堆芯。冷却剂回路循环泵又称主泵。

综上所述，包括压力容器、蒸汽发生器、主泵、稳压器及连接它们的管道阀门系统，是冷却剂回路的压力边界（一回路），它们都被安置在安全壳厂房内，称之为核岛。

蒸汽发生器内有很多传热管，传热管内侧流动的是一回路的高温水，而传热管外侧流动的是二回路的水。一回路的水流过蒸汽发生器传热管时，将携带的热量传输给二回路内流动的水，从而使二回路的水变成 280 ℃左右、6 ~ 7 MPa的高温蒸汽。所以在蒸汽发生器里，一回路与二回路在互不交混的情况下，通过管壁发生了热交换。蒸汽发生器是分隔一回路和二回路的关键设备，一回路和二回路通过蒸汽发生器传递热量，蒸汽发生器的本质是一个巨大的换热器。压水堆核电厂由于设置了二回路，使得正常运行情况下二回路的蒸汽没有放射性。

蒸汽发生器产生的高温蒸汽推动汽轮机做功带动发电机发电。从汽轮机流出的压力已很低的乏汽，在冷凝器里凝结成水，然后又回到蒸汽发生器吸收冷却剂回路内的热量，变成高温蒸汽。二回路的水从蒸汽发生器获得能量，将大约三分之一的能量交给汽轮机做功，带动发电机发电，余下的大约三分之二的能量由于温度参数太低而无法利用，通过冷凝器排出到环境中。

冷却冷凝器用的水在三回路中流动，冷凝器实质上是二回路与三回路之间的热交换器。三回路是一个开式回路，利用它将汽轮机排出的乏汽中难以利用的热量排出到环境（如图3-6所示）。

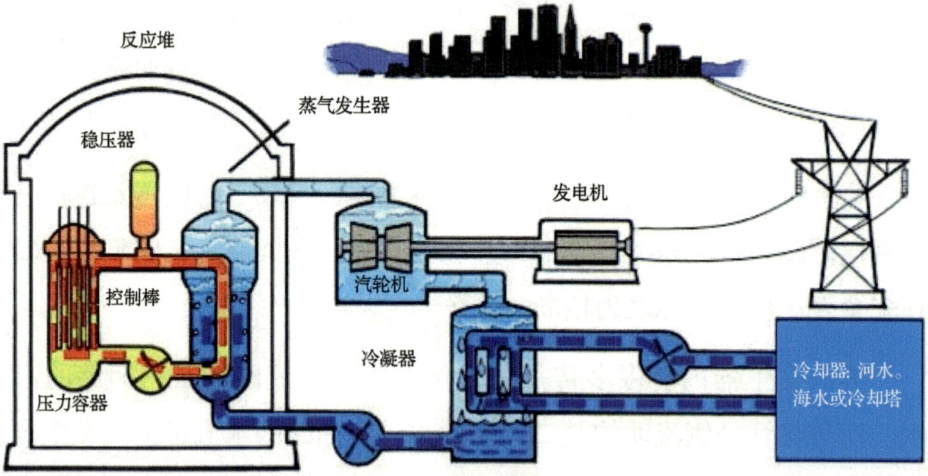

图3-6　核电站简化示意图

压水堆装料后，大约经过一两年要进行一次更换燃料组件的操作，称之为换料，每次换料只需装卸三分之一的燃料组件。从反应堆中卸出的辐射过的燃料，通常称为乏燃料。卸出的乏燃料组件放在反应堆旁边的贮存水池内（如图3-7所示）。

图3-7 乏燃料贮存水池

秦山核电厂作为我国大陆第一座自行设计建造的30万kW原型压水堆核电厂已有多年安全运行的良好业绩（如图3-8所示），随后在30万kW机组的基础上，吸收国际先进技术，自行设计、建造的秦山二期核电厂，装有两台60万kW压水堆核电机组。

图3-8 秦山核电厂

田湾核电厂位于江苏省连云港市，一期工程从俄罗斯引进2×100万kW压水堆核电厂（如图3-9所示）。

图3-9 田湾核电厂

位于我国广东省深圳市的大亚湾核电厂（如图3-10所示），是我国引进国外资金、设备和技术的第一座大型商用核电厂，也是我国改革开放以来最大的中外合资项目。它装有两台单机容量为90万千瓦级的压水堆核电机组。合营期内上网电量的70%送往香港。深圳的岭澳核电厂，装有两台单机容量为90万千瓦级的压水堆核电机组。

图3-10　大亚湾核电厂

目前，我国和世界上主要建设或拟建的核电站属于第三代核能系统。美国核电用户要求文件（URD）和欧洲核电用户要求文件（EUR）提出了下一代核电站的安全和设计技术要求，它包括了改革型的能动（安全系统）核电站和先进型的非能动（安全系统）核电站，并完成了全部工程论证和试验工作以及核电站的初步设计。由我国国家核电技术公司（现国家电力投资集团公司）引进的美国非能动AP1000核电站、中国广核集团公司引进的法国EPR核电站以及国家电力投资集团公司自主研发的CAP1400核电站都属于第三代核电站。我国自主研发的“华龙一号”核电站也属于第三代核能系统。

“华龙一号”是由中国两大核电企业中国核工业集团有限公司和中国广核集团有限公司研发的先进百万千瓦级压水堆核电技术。“华龙一号”提出“能动和非能动相结合”的安全设计理念，采用177个燃料组件的反应堆堆芯、多重冗余的安全系统、单堆布置、双层安全壳，全面平衡贯彻了“纵深防御”的设计原则，设置了完善的严重事故预防和缓解措施，其安全指标和技术性能达到了国际三代核电技术的先进水平，具有完整自主知识产权。“华龙一号”凝聚了中国核电建设者的智慧和心血，实现了先进性和成熟性的统一、安全性和经济性的平衡、能动与非能动的结合，具备参与国际竞标条件。我国正在建设的福清5、6号和防城港3、4号机型采用的是“华龙一号”技术。

我国向巴基斯坦出口的恰希玛核电站以秦山一期为基础（如图3-11所示），根据巴方厂址作适应性改进。除了恰希玛项目外，卡拉奇2、3号核电机组是中国自主三代核电技术“华龙一号”的海外首堆，是巴基斯坦国内目前最大的核电项目，意味着“华龙一号”首次走出国门。

图3-11　恰希玛核电厂

第二节 沸水堆

沸水堆（如图3-12所示）与压水堆相比有两个不同点：第一是省掉了一个回路，因而不再需要昂贵的蒸汽发生器和稳压器，核电厂的整体造价低；第二是工作压力可以降低，为了获得与压水堆电厂同样的蒸汽温度，沸水堆只需加压到7 MPa左右，比压水堆电厂低了一倍，在压力容器、管道、泵和阀等系统设备耐压方面的要求，也要低得多。

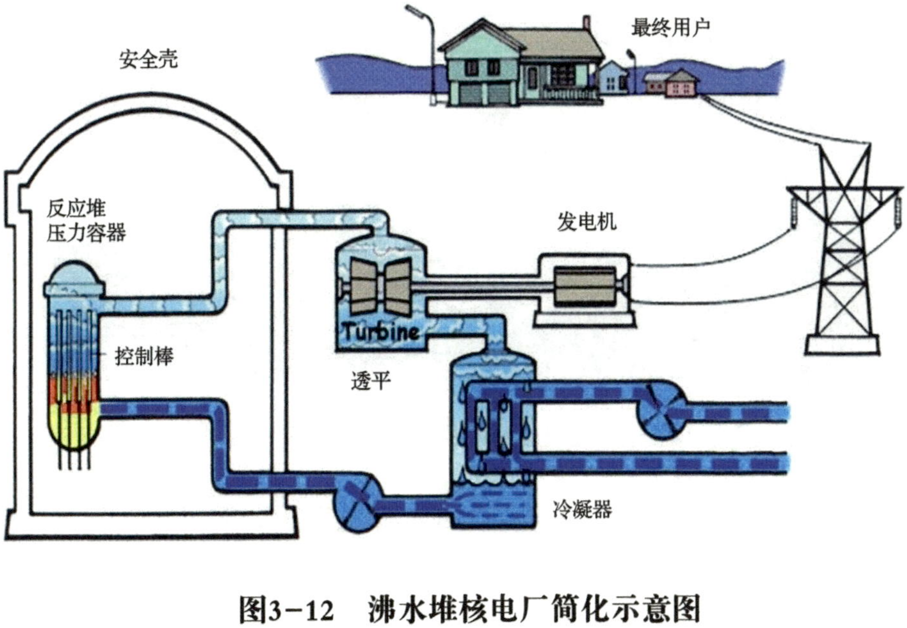

图3-12 沸水堆核电厂简化示意图

冷却剂流经沸水堆堆芯后大约有14%（质量比）的水被变成蒸汽，而其余的水则再循环流入堆芯，堆芯产生的带放射性的蒸汽，被直接引入蒸汽轮机，导致汽轮机厂房的辐射防护要复杂得多。随着沸水堆技术的不断改进，性能越来越好。尤其是先进沸水堆（ABWR）的建造，在经济性、安全性等方面有较大提升。

一个现代化的沸水堆燃料组件通常由74~100根燃料棒组成，包含大约140 tU。目前，世界上正在运行的沸水堆有72座，总装机容量71 102 MW，大部分分布于日本、美国、德国、瑞典及中国台湾地区。目前日本正在运营的核电站主要是BWR3、BWR4、BWR5、ABWR这四种堆型（如图3-13所示）。

图3-13　日本柏崎•刈羽先进沸水堆核电厂

在我国的台湾地区，共有4座沸水堆核电厂（如图3-14所示），其中北部3座，分别是位于台北县石门的核能一厂，位于台北县万里的核能二厂，位于屏东县的核能三厂和位于台北县正在建设中的核能四厂。

图3-14 中国台湾地区核电厂分布图

第三节 重水堆

重水和轻水的热物理性能差不多，主要差别是由重水的核特性决定的（如图3-15所示）。重水和轻水的核特性相差很大，这个差别主要表现在与中子的相互作用上面。重水的优点是它与堆芯内的热中子几乎不发生像轻水那样的吸收反应，因此可以有较高的中子经济性。以重水慢化的反应堆，可以采用天然铀作为核燃料。由于重水吸收热中子的概率小，所以重水慢化的反应堆，中子除了维持链式裂变反应之外，还有较多的剩余中子可以用来使^{238}U转变为^{239}Pu，使得重水堆不但能用天然铀实现链式裂变反应，而且比轻水堆节约天然铀大约20%。

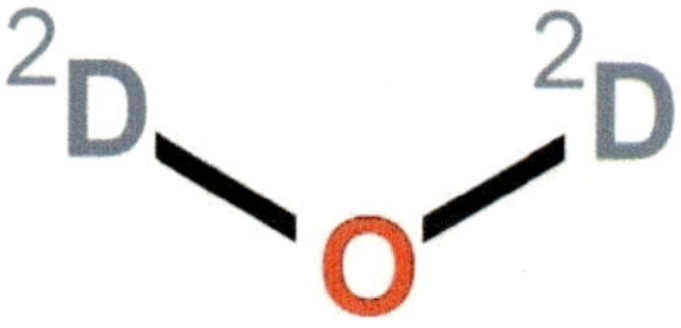

图3-15 重水分子结构

由于重水慢化能力比轻水低，为了使裂变产生的快中子得到充分的慢化，堆内慢化剂的需要量就很大。再加上重水堆使用的是天然铀，重水堆的堆芯体积比压水堆要大十倍左右。另外，要从天然水中提取重水，而天然水中重水含量太低，所以重水是一种非常昂贵的材料。重水的费用约占重水堆基建投资的六分之一左右。由于轻水和重水的核特性相差很大，在慢化性能的两个主要指标上，它们的优劣正好相反，使它们成了天生的一对竞争伙伴。

重水堆使用天然铀作燃料，堆芯的后备反应性较少，因此需要经常将烧过了的燃料元件卸出堆外，补充新燃料，因此同样功率的重水堆核电厂产生的乏燃料数量要比压水堆多。而且倘若经常为此而停堆装卸核燃料，对于要求连续发电的核电厂而言是不能容忍的，这就要求重水堆核电厂能够进行不停堆换料。

重水堆可以分为压力管式和压力壳式。采用压力管时，冷却剂可以与慢化剂相同也可不同。压力管式重水堆又分为立式和卧式两种。采用立式时，压力管是垂直的，可采用有机物、气体、加压重水或沸腾轻水冷却；采用卧式时，压力管水平放置，不宜用沸腾轻水冷却。压力壳式重水堆只有立式，冷却剂与慢化剂相同，可以是加压重水或沸腾重水，燃料元件垂直放置，与压水堆或沸水堆类似。

由加拿大原子能公司发展起来的以天然铀为核燃料、重水慢化、加压重水冷却的卧式压力管式重水堆（CANDU型），是唯一达到商业化技术要求的重水堆。CANDU核电厂的反应堆为压力管式天然铀重水堆，它的回路系统和发电系统与压水堆类似。重水堆燃料元件的芯块也与压水堆类似，是烧结的二氧化铀的短圆柱形陶瓷块。这种芯块也是放在密封的包壳管内，封装成长度约50 cm的燃料元件，并将大约40来根燃料元件扎成棒束。

秦山三期核电厂是中国和加拿大合作建造的我国第一座重水堆核电厂，装有两台72.8万kW核电机组。

由于重水堆比轻水堆更能充分利用天然铀资源，又不需要依赖浓缩铀工厂和后处理厂，所以印度、巴基斯坦、阿根廷和罗马尼亚等国家已先后引进加拿大的重水堆，先进重水堆开发路线如图3-16所示。

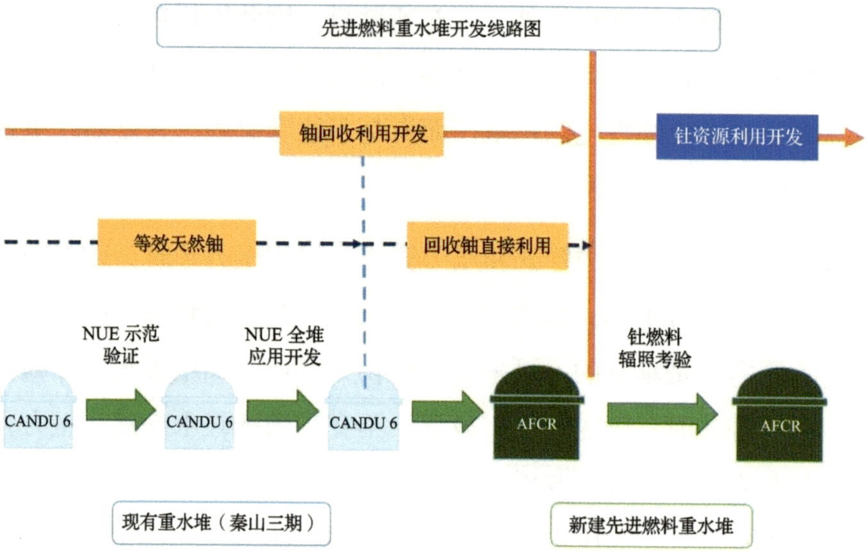

图3-16　先进重水堆开发路线

第四节　液态金属堆

快堆采用钚或高浓铀作燃料，一般用液态金属作冷却剂，不用慢化剂。快堆装入足够的核燃料后，由于维持链式裂变反应后剩余的中子多，所以只要添加^{238}U，由^{238}U转化成的^{239}Pu。热中子堆核电厂是消耗核燃料生产电能的工厂，快堆核电厂则是可以同时生产核燃料和电能的工厂。

在快堆中由于没有慢化剂，再加上堆内结构材料、冷却剂及各种裂变产物对快中子的吸收概率很小，因此中子由于被俘获造成的浪费少。此外，每个^{239}Pu原子核裂变放出的中子多，^{238}U原子核裂变的概率也大，所以平均每个原子核裂变所放出的中子，除了维持自身链式裂变反应外，还可以剩余1.2~1.3个中子，用来使^{238}U转变为^{239}Pu。因而在快堆内，只要添加^{238}U，每烧掉一个^{239}Pu原子核，除了放出大量裂变能外，还可以产生1.2~1.3个^{239}Pu原子核。这就是说，在快堆内只要添加^{238}U，核燃料就越烧越多，这种情况称为核燃料的增殖。这是快堆与目前热堆的主要区别，也是快堆的主要优点。因此快堆又称增殖堆或快中子增殖反应堆（如图3-17所示）。

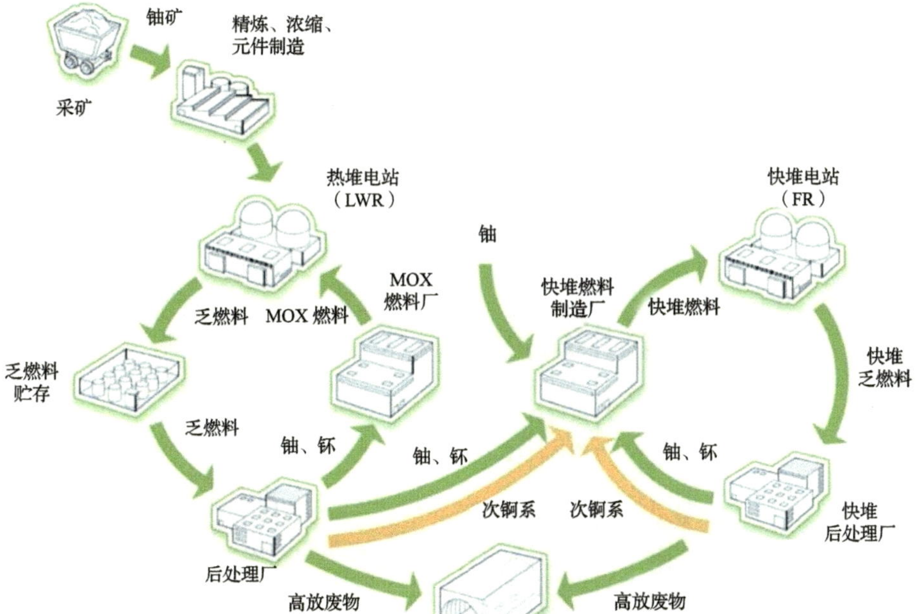

图3-17　核燃料闭式循环

理论上快堆可以将^{238}U，^{235}U及^{239}Pu全部加以利用。但由于反复后处理时的燃料损失及在反应堆内变成其他核素，快堆只能利用70%以上的铀资源。目前浓缩铀工厂库存的贫铀，热堆中卸出的乏燃料，都可以成为快堆的“粮食”来源。由于快堆中能实现^{239}Pu的增殖，如果我们通过后处理，将快堆增殖的核燃料不断提取出来，则快堆电站每过一段时间，它所得到的^{239}Pu，还可以装备1座规模相同的快堆电站。这时间，称为倍增时间。经过一段倍增时间，1座快堆会变成2座快堆，再经过一段倍增时间，这2座快堆就变成4座。按照目前的情况，快堆的倍增时间是30多年。

快中子堆一般采用氧化铀和氧化钚混合燃料（或采用碳化铀—碳化钚混合物），将二氧化铀与二氧化钚混合燃料加工成圆柱状芯块，装入直径约为6 mm的不锈钢包壳内，构成燃料元件细棒。燃料组件是由多达几十到几百根燃料元件细棒组合排列成六角形的燃料盒（如图3-18所示）。

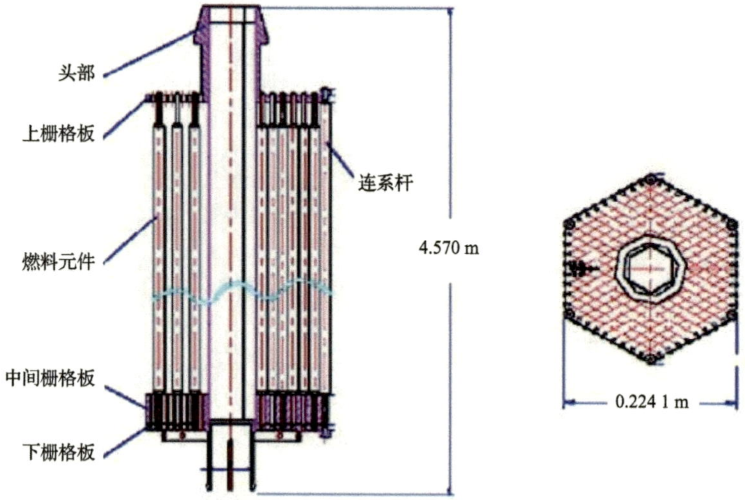

图3-18　快堆燃料组件设计

快堆的功率密度大，又不允许冷却剂对中子产生强烈的慢化作用，这就要求热传输能力强、慢化作用小的冷却剂。目前根据冷却剂的种类，可以将快堆分为钠冷快堆和铅冷快堆（如图3-19所示）。

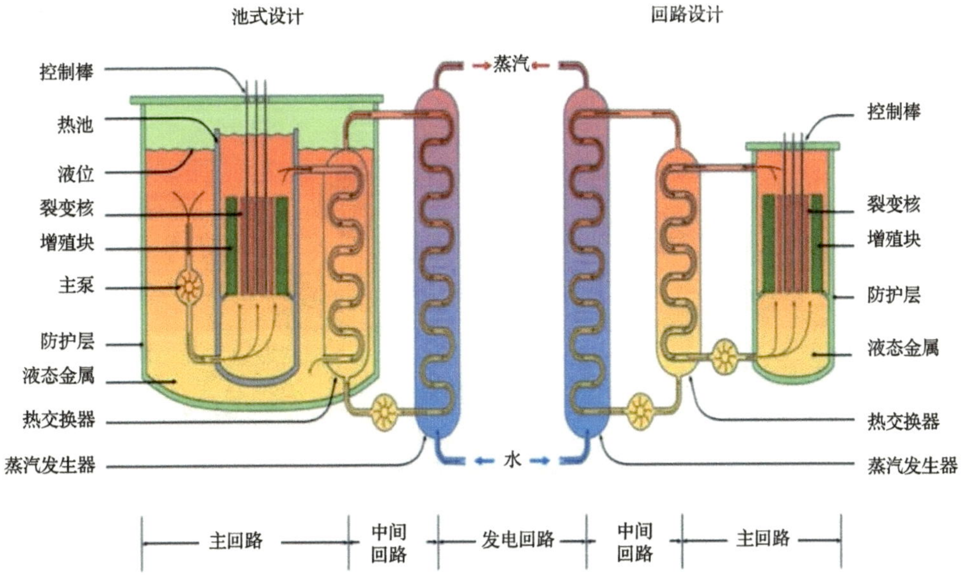

图3-19 液态快堆两种设计方案图

4.1 钠冷快堆

钠的中子吸收截面小，比热容大。它的沸点高达886.6 ℃，所以在常压下可以有很高的工作温度，而且在工作温度下对很多钢种腐蚀性小，无毒。因此钠是快堆的一种很好的冷却剂。但钠的熔点为97.8 ℃，在室温下是凝固的，所以要用外加热的方法将钠熔化。钠的缺点是化学性质活泼，易与氧和水发生化学反应。当蒸汽发生器传热管破漏时，管内的水与管外的钠相接触，会引起强烈的钠水反应。所以在使用钠时，要采取严格的防范措施，这比热堆中用水作为冷却剂时问题要复杂得多。

快堆为了提高热效率并适应功率密度的提高，冷却剂的出口温度为500~600 ℃，燃料元件包壳的最高温度达650 ℃。目前，快堆通过一系列试验堆、示范堆和商用验证堆的建造，技术已日臻完善。

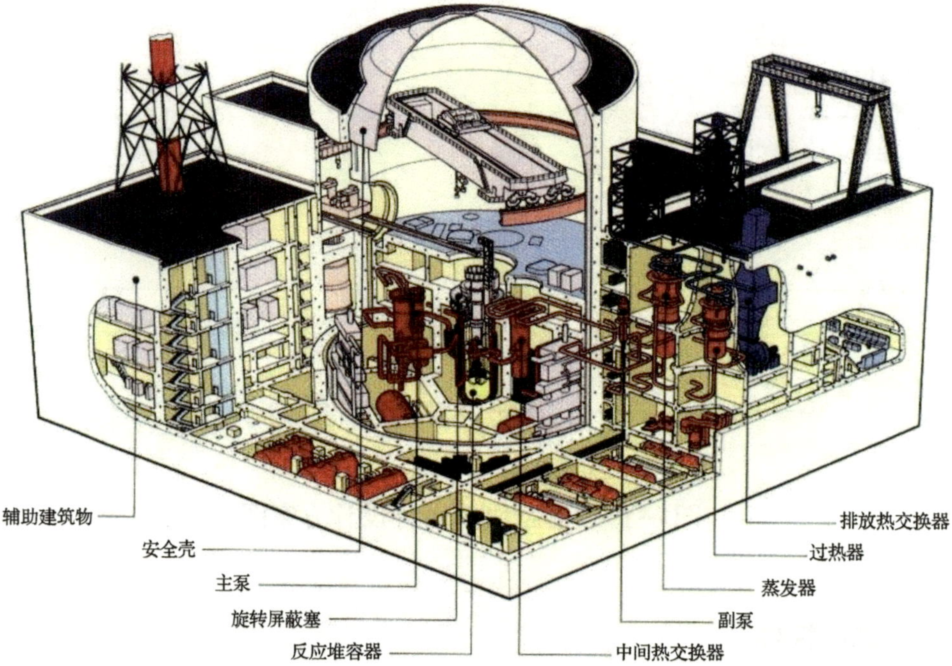

图3-20 中国实验快堆

中国实验快堆是我国第一座快堆（如图3-20所示），其热功率为65 MW，电功率20 MW，采用钠-钠-水三回路设计，一回路为一体化池式结构；堆芯入口温度360 ℃，出口温度530 ℃，蒸汽温度480 ℃，压力14 MPa。

目前世界最大的钠冷快堆是位于法国里昂附近的超凤凰快堆，其电功率为1 250 MW，如图3-21所示。

图3-21 法国超凤凰快堆

4.2 铅基快堆

铅基快堆是一种极具发展潜力的第4代核能系统,在燃料增殖和嬗变方面具有独特优势,具有良好的非能动安全特性和经济性。铅基合金材料的熔点低、沸点高、热稳定性好，因此反应堆可以在低压下运行，降低了不可控化学反应发生的可能性，安全系数也大为提高；铅铋合金液体的黏度随着温度升高而急剧下降，因此铅铋合金作为高温冷却剂的流动阻力较小；铅铋合金化学性质不活泼，几乎不与水和空气发生化学反应，安全性更有保证。

目前，铅冷快堆的关键技术仍处于探索阶段，如表3-3所示，多个国家针对该堆型提出了不同的设计方案。各国都针对该堆型提出不同设计方案。图3-22给出了典型模块化铅铋快堆设计概念图，主要包括堆芯、主泵、控制棒驱动系统、蒸汽发生器模块等。

表3-3 目前主要铅基快堆概念设计

国家或地区	反应堆	功率/MW	提出时间
俄罗斯	BREST	300/600/1 200	1997
	SVBR	75/100	2006
美国	ABR	300	2000
	SUPERSTAR	300	2011
欧盟	MYRRIIA	50	1998
	ELSY	600	2011
	AFLRED	120	2013
中国	CLEAR	10/100/1 000	2011
	SNCLFR	100	2015
	LESMOR	300	2018
日本	PBWFR	150	2008
	CANDLE	400	2008
韩国	PEACER	1 575	2000
	PASCAR	50	2008

图3-22 SVBR-100铅铋快堆电厂概念图

第五节 气冷堆

气冷堆主要有天然铀石墨气冷堆、改进型气冷堆和高温气冷堆三种。目前，以高温气冷堆为主。高温气冷堆，是一种安全性、经济性好的新型核反应堆，它采用氦气作冷却剂，石墨作慢化材料，采用包覆颗粒燃料和石墨构成的球形燃料元件，并采用全陶瓷的堆芯结构材料。高温气冷堆发电效率很高，并可用于煤的液化和气化、稠油热采、制氢等，在未来的能源系统中具有广阔的应用前景，对于改善环境、实现可持续发展具有重要意义。

高温气冷堆的核燃料，是用溶胶凝胶法，将二氧化铀或碳化铀制成直径小于1 mm的小球，其外部包裹着热解碳涂层和碳化硅涂层。每个小球一般涂3层，最内的涂层疏松多孔，可以使燃料小球因升温和辐照肿胀而造成的体积膨胀得到缓冲；最外的涂层比较致密，可以阻挡裂变气体的外逸。这两层之间是阻挡固体裂变产物外逸的碳化硅涂层。将这种涂层颗粒燃料与石墨粉均匀混合之后，外面再包一些石墨粉，就可制成棱柱形、圆柱形或珠形燃料元件。柱形元件之间有气体流过的通道，球形元件则是实心的。球形元件堆放时，彼此间有空隙可供气体流过。由于每颗燃料小球有多层包壳，而且每颗燃料小球之间都有石墨包围，所以这种燃料元件在堆内几乎不会破裂。高温气冷堆的冷却剂是氦气，在氦循环风机的驱动下不断通过堆芯将裂变能带出，进行闭式循环。堆芯放在有石墨衬里的预应力混凝土压力容器内。

氦气是一种惰性气体，化学性质不活泼，容易净化，不引起材料的腐蚀。氦气的中子吸收截面极小，它的热导率为二氧化碳的4.5倍，比热容为二氧化碳的3.5倍，输送时消耗的功率仅略高于氢而低于其他气体。它透明，便于装卸料操作。另外由于石墨耐高温，所以氦气的温度可以提高到750~1 200 ℃。除了可在发电时提高热能利用效率外，还可为炼钢、煤的汽化、生产氢气等提供高温热源，从而减少了电能这一中间转换环节。

高温气冷堆使用球形燃料元件时，可以连续装卸核燃料。另外，高温气冷堆可以装载大量的钍，由于石墨吸收热中子概率小，因此这种堆型除维持裂变链式反应以外，还有较多的剩余中子可用来将^{232}Th转化为^{233}U，有利于钍资源的利用。

英国、美国和西德先后建起了3座高温气冷试验堆，特别是西德的球床堆，燃耗深度超过压水堆几倍。原设计氦气出口温度为750 ℃，后来相继提高到850 ℃和950 ℃。

2007年1月，由中国华能集团公司、中国核工业建设集团公司、清华控股有限公司共同出资组建成立华能山东石岛湾核电有限公司，由该公司负责我国具有自主知识产权20万千瓦级高温气冷堆核电站示范工程的建设与运营管理。石岛湾核电厂地处山东省荣成市石岛管理区宁津镇，位于荣成市以南偏东23 km处，北距威海市约68 km、西北距烟台市约120 km、西南距青岛市约185 km（如图3-23所示）。

图3-23 华能山东石岛湾核电厂位置图

2008年10月7日，国家科技重大专项—高温气冷堆核电站示范工程在北京揭牌。2009年2月，示范工程可研报告通过中咨公司（国家能源局委托）的评估。2009年9月，环境保护部（国家核安全局）组织召开第七次核安全与环境专家委员会部分委员会议，专家委员会建议批复示范工程环境影响报告书（设计阶段）并颁发建造许可证。

第四章

核反应堆的未来

为了研究和发展具有更高安全性、更加先进的燃料循环方案及更有效地利用核资源的新概念反应堆，2000年1月，美国、英国、瑞士、韩国、南非、日本、法国、加拿大、巴西、阿根廷成立了第四代国际核能论坛（The Generation Ⅳ International Forum，GIF）。2001年，GIF签署了《GIF章程》，欧共体、中国和俄罗斯分别在2003年、2006年加入。GIF根据以下四个基本目标：可持续性；安全可靠性；具有经济竞争力；核不扩散性。制定了发展下一代核能系统的技术路线图。2002年年底，GIF和美国能源部（United States Department of Energy，DOE）合作发布了《第四代核能系统技术路线图》，从近100种先进堆型中选取了6种第四代核能系统：超高温堆（Very High Temperature Reactor，VHTR）、钠冷快堆（Sodium-cooled Fast Reactor，SFR）、超临界水冷堆（Supercritical-water-cooled Reactor，SCWR）、气冷快堆（Gas-cooled Fast Reactor，GFR）、铅冷快堆（Lead-cooled Fast Reactor，LFR）及熔盐堆（Molten Salt Reactor，MSR）（如图4-1所示）。

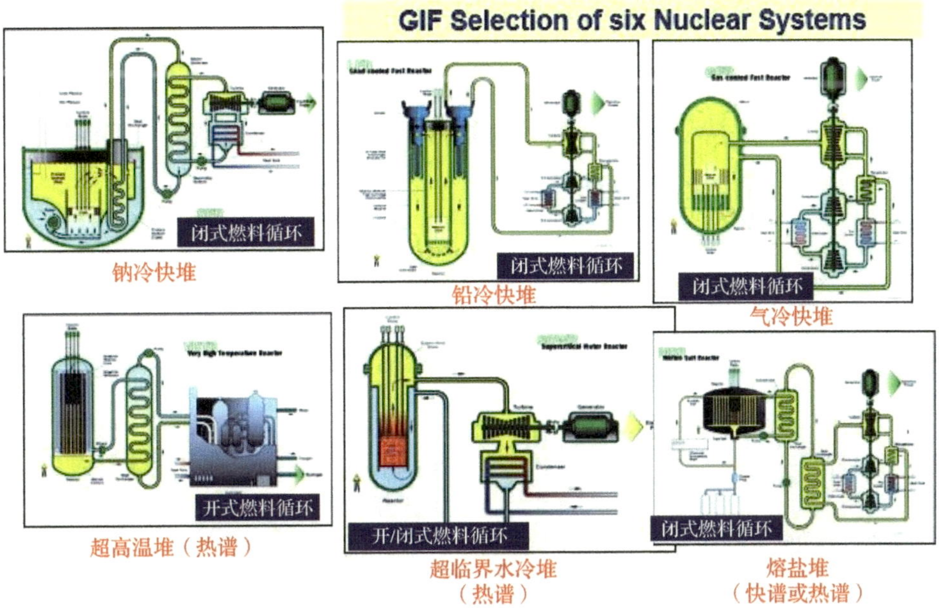

图4-1 GIF选定的6种堆型

这些堆型中有一些能够在近二十年建成示范堆，到2030年附近进行商业化。中国已经建造的球床模块式高温气冷堆核电站（HTR-PM）是超高温堆发展的第一步，法国、俄罗斯设计的钠冷快堆很快也将建造示范堆。

第一节 超高温堆

超高温堆是指采用氦气冷却、石墨慢化的热谱反应堆。其主要特点是出口温度高达750~850 ℃，甚至达到1 000 ℃。超高温堆是高温堆的自然延伸。高温堆由Harwell在20世纪50年代提出，并且已经成功建造并运行了若干个实验堆和原型堆（如图4-2所示）。

氦气是一种辐照和化学性能都有惰性的气体，能够在所有可能的热工水力状况下保持稳定。石墨具有很高的热导率和比热容，使得在事故工况下能够尽量缓解事故进程。

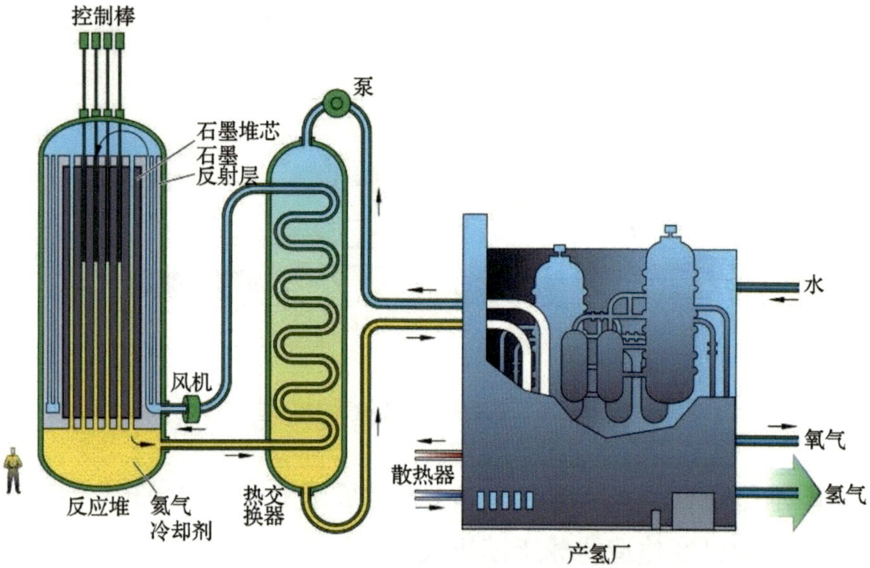

图4-2　超高温堆示意图

超高温堆的燃料元件有两种：一种是与压水堆相似的棱柱形燃料元件，另一种是球形燃料元件。使用这两种元件的高温气冷堆分别称为棱柱形高温气冷堆和球床式高温气冷堆。两种元件虽然形状不同，但都由弥散在石墨基体中的包覆颗粒燃料组成。包覆颗粒燃料直径0.8～0.9 mm，中心是直径0.2～0.5 mm的核燃料UO_2核芯，核芯外面有2～4层厚度、密度各不相同的热解碳和碳化硅包覆层。实验表明，在2 200 ℃的高温下，包覆颗粒燃料仍能保持其完整性，破损率在0.000 1%以下。这一温度大大超过高温气冷堆事故工况下的最高温度。

换言之，这种元件即使在事故条件下，也不会发生放射性物质外泄。

一般而言，汽轮机发电机组的入口温度越高，发电效率也越高。超高温堆出口温度可高达1 000 ℃，具有很好的发电效率。目前，超高温堆可采用两种热力循环方式：蒸汽循环方式和氦气汽轮机方式。前者是指携带热能的氦气冷却剂通过直流蒸发器加热二次侧的水，产生19 MPa、535 ℃的高压过热蒸汽，然后通过高温标准汽轮发电机组发电，其热效率可达40%，而目前大型压水堆核电站的热效率仅为33%。后者是指氦气冷却剂直接通过汽轮机发电机组发电，这种方式的优点十分明显，其热效率可达50%；同时，还可减少环境污染，高放射性废料的产率也比压水堆少。

在6个第四代反应堆中，超高温堆是唯一一个能够进行高效率产氢的堆型。要提高制氢效率，希望温度尽可能高，因此，需要反应堆的最高输出温度能够与制氢过程的最高温度相匹配。美国Sandia国家实验室评估了可能适合于热化学分解水反应制氢的反应堆。他们的评估结果认为，在目前研究的堆型中，只有氦气冷却的高温气冷堆可以提供足够高的温度来驱动制氢体系，高温气冷堆是最适合核能制氢的堆型。但是在产氢可行性还需要进一步研究，包括热交换器、冷却剂中的尘埃去除、核岛和产氢工序的隔离阀设计等。

我国的高温气冷堆技术研究起步于20世纪70年代（如图4-3所示）。1986年，清华大学10 MW高温气冷实验堆（HTR-10）被列为国家“863计划”重点项目。1995年，HTR-10正式开工建设。2000年，HTR-10建成临界。2003年，实现了满功率运行并网发电。HTR-10是世界上第一座球床模块式高温气冷实验堆。

图4-3 高温气冷堆示范工程现场

高温气冷堆固有安全特性通过反应堆自身的负反应性温度效应、高性能的燃料元件、较低的堆功率密度、较大的堆芯热容量、较小的单堆功率和独特的堆芯尺寸等特性实现。燃料元件在不高于1 620 ℃的温度条件下都能够保持完整性。而高温气冷堆的固有安全设计使反应堆燃料温度在任何情况下都不会高于1 620 ℃，从而在设计上实现了核安全监管部门要求的“任何事故下，不借助能动安全系统，燃料元件温度不超过设计限值，不会发生堆芯熔化和放射性大量释放的严重后果”的目标。

目前，高温气冷堆一回路氦气出口温度是750 ℃，未来可以提高到1 000 ℃以上。如此高参数的工质温度，可以满足发电、海水淡化、工业蒸汽等多种需求，可以提供热-水-电联产联供的耦合方案，除了向电网提供电力外，更可满足多种能源需求。

模块式高温气冷堆还可以通过多个模块组合灵活实现所需的容量。一个标准的高温气冷堆模块热功率为250 MW，产生的电功率为10万

kW。通过多模块组合，匹配不同规模的汽轮发电机组，可以实现系列化的装机容量。20万kW高气冷堆示范电站就是通过两座250 MW热功率的反应堆匹配1台20万kW汽轮发电机组实现的。高温气冷堆作为工艺热源时，同样可以根据所需的用热量，通过标准模块的组合以满足需求。

由于具有固有安全性，不需要辅助安全系统，高温气冷堆的系统大为简化，投资可大幅降低。

第二节　钠冷快堆

钠冷快堆使用液态钠作为冷却剂，能够在常压及较低的冷却剂流量下达到较高的能量密度。为了避免氧化腐蚀以及液态钠与空气和水发生反应，钠冷快堆需要一个封闭的冷却系统。

钠冷快堆的尺寸根据目的不同，可以从50~300 MW的模块化小堆到1 500 MW的大型反应堆。冷却剂出口温度为500~550 ℃。主冷却系统可以使用紧凑的环路布置做成压力容器式（如图4-4所示），也可以放在池中做成游泳池堆（如图4-5所示）。对于两种设计，冷却剂都不会出现沸腾的工况，这为反应堆提供了很大的安全裕量。另外一个保证反应堆安全的重要因素是钠冷快堆为常压运行。如前所述，为了防止液态钠与空气或者水发生剧烈的化学反应，主冷却剂需要封闭运行。因此，需要二次冷却系统将带有放射性的主冷却剂钠和后端产生蒸汽的系统进行隔离。这样即使二次冷却剂中的钠与水发生反应也不至于导致放射性泄漏。

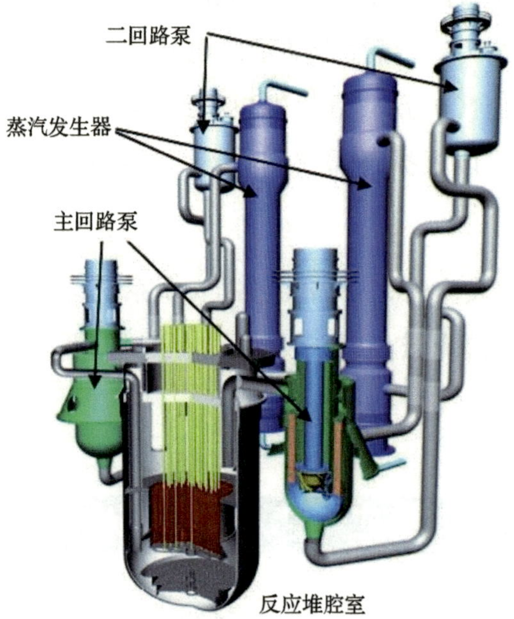

图4-4　压力容器式钠冷快堆（JSFR，1 500 MW）

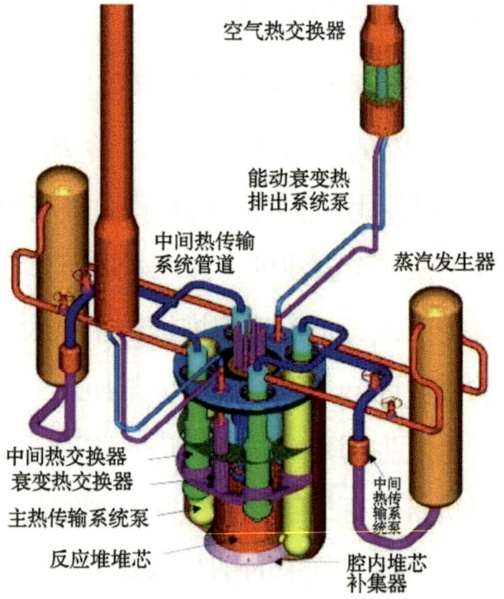

图4-5　池式钠冷快堆（KALIMER，600 MW）

钠冷快堆可以采用两种形式的燃料：MOX燃料和铀—钚—锆合金组成的金属燃料。在MOX燃料方面，目前的运行经验更丰富。钠冷快堆采用闭式燃料循环，这样能够更好地利用燃料，控制高放射性废物的产生。但是对燃料制造的要求更高了，因为燃料要接受更长时间的辐照。

目前，在6个第四代堆型中，钠冷快堆的技术是最成熟的。法国、日本、德国、英国、俄罗斯和美国等都已建成并运行过钠冷快堆。示范堆的功率范围从1.1 MW（EBR-I，1951年）到1 200 MW（Super Phenix堆，1985年）。在日本、法国、俄罗斯仍然有钠冷快堆在运行。这些设计、运行经验使得目前钠冷快堆的研究主要集中在性能研究。

第三节　超临界水堆

超临界水堆是指运行在水的临界点（374 ℃，22.1 MPa）以上的高温高压水冷反应堆。作为第四代反应堆中唯一的水冷反应堆，是目前成熟的水冷反应堆技术与成熟的超临界水火电技术的有机结合，是当前水冷反应堆的进一步延伸（如图4-6所示）。

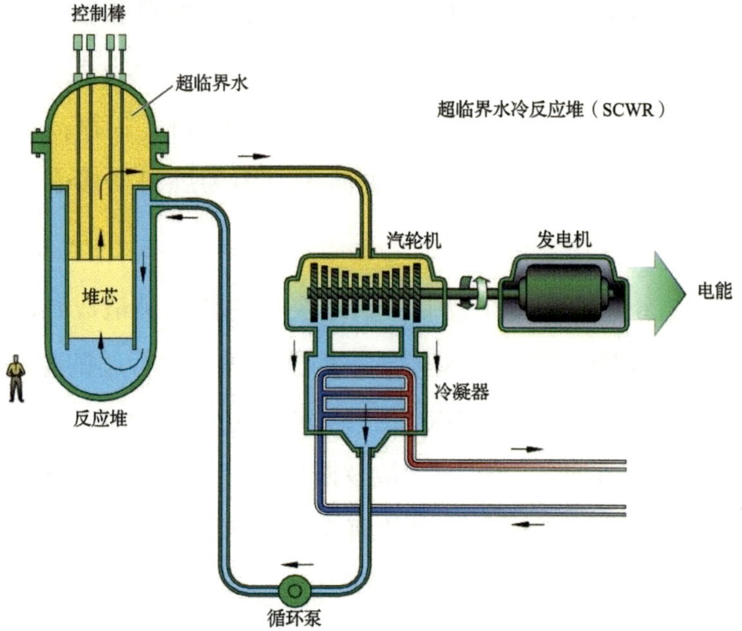

图4-6　超临界水堆示意图

超临界水堆的研究最早可以追溯到20世纪五六十年代，主要在美国和苏联开展。当时的设计一般采用重水及石墨慢化，堆芯体积大，系统复杂，不具备经济竞争性。在2002年，GIF将超临界水堆选入第四代候选堆型之后，超临界水堆成为国际研究热点，多个国家提出了数十种预概念设计。其中比较有代表性的有：日本超临界水堆方案，欧洲超临界水堆方案，加拿大超临界水堆方案。不同方案的区别主要在于燃料组件设计不同。

3.1 日本超临界水堆方案

日本的超临界水堆方案最初由Oka和Koshizuka等人提出[15-17]。2001年，Yamaji等人提出了方形组件。如图4-7所示，组件由300根燃料棒、

36个内部水洞及24个外部水洞组成。

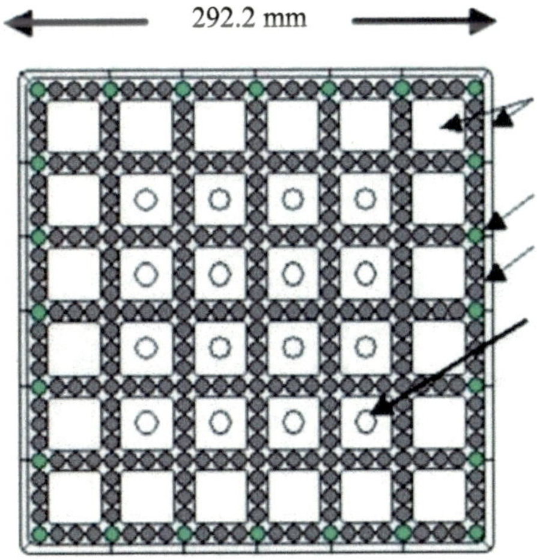

图4-7 日本超临界水堆方形组件[18]

3.2 欧洲超临界水堆方案

在2006—2010年的欧盟合作计划中，由Heusener等人提出了名为高性能轻水堆（High Performance Light Water Reactor，HPLWR）的欧洲超临界水堆方案。HPLWR的热功率为2 300 MW，电功率为1 000 MW，热效率为43.5%。

在HPLWR中，燃料组件由40个燃料棒及在它们中间的水洞组成，如图4-8所示。为了能够方便换料，HPLWR中将3 × 3的组件组成一个组件束，结构如图4-9所示。燃料棒的外径为8 mm，包壳壁厚0.5 mm。栅径比（相邻燃料棒中心间距与外径比例）为1.18。为了固定燃料棒及提供足够的冷却剂交混，燃料棒外缠绕了1.44 mm外径的绕线。燃料组件壁盒和慢化剂壁盒设计成了三明治结构，两层不锈钢板之间夹着绝热材料。

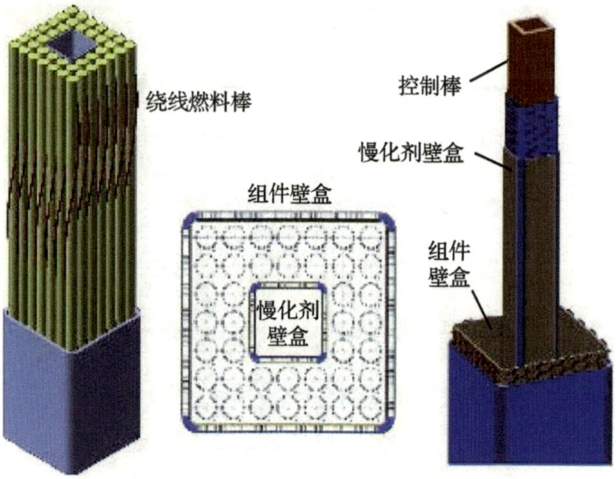

图4-8　HPLWR组件设计

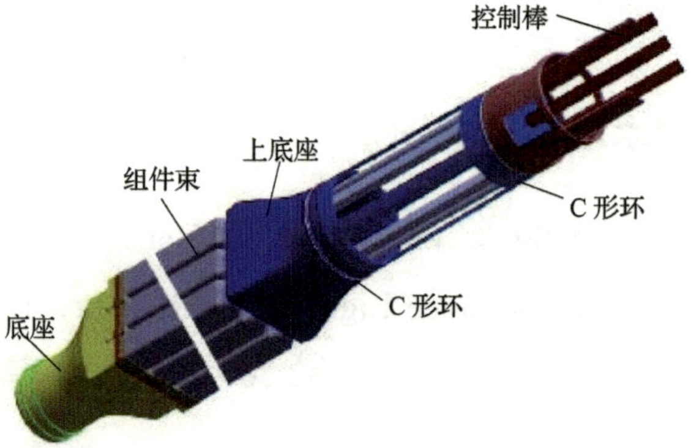

图4-9　HPLWR组件束设计

3.3 加拿大超临界水堆方案

日本与欧洲的超临界水堆方案都是压力容器式反应堆，而加拿大根据自身CANDU堆的运行经验，开展了压力管式超临界水堆的研究，称为Canadian-SCWR。为了提高热效率，Canadian-SCWR运行压力为25 MPa，出口温度为625 ℃，显著高于其他超临界水堆方案。

2014年，Yetisir等人提出了高效回热式通道（HERC）及堆芯设计，如图4-10、图4-11所示。在HERC中，使用冷却剂通道代替高效燃料通道（HEC）中的氧化锆棒，从而实现冷却剂的回热。冷却剂从燃料通道顶端由中心管道进入，向下流动到封闭管道底部后，向上流动冷却燃料。这种设计的优点在于将冷却剂的进出口都置于堆芯顶部，避免了堆芯外部通道，并且可以避免超临界水向下流动带来的不稳定性。另外，中心冷却剂通道可以对内圈燃料提供慢化，有利于展平功率，降低包壳温度。

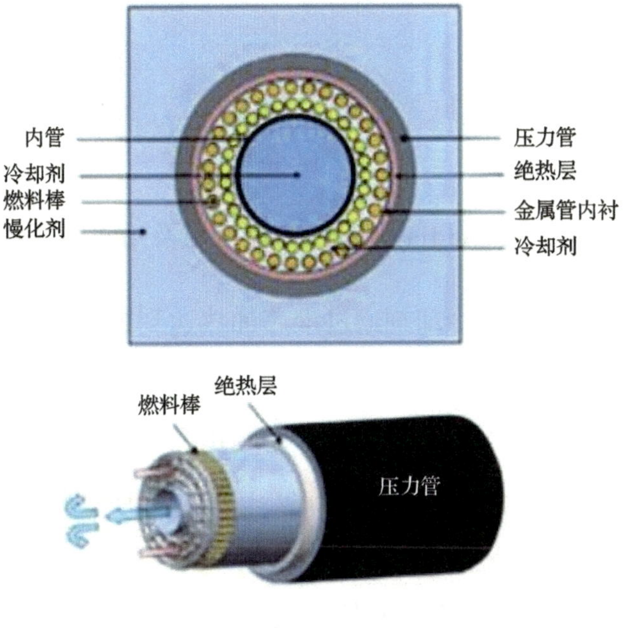

图4-10 高效回热式燃料通道示意图

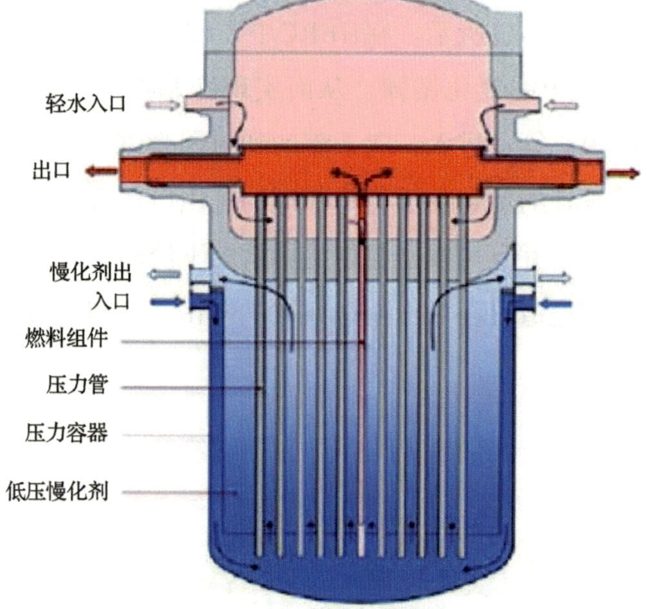

图4-11 Canadian-SCWR反应堆及给水示意图[23]

在超临界水堆中，冷却剂通过堆芯加热达到超临界状态，不需要蒸汽发生器，直接驱动汽轮机做功。由于超临界水温度较高，因此可以达到较高（44%左右）的热效率，因此，汽轮机、冷凝器、泵、水箱和整个蒸汽系统等部件的尺寸都可以较小。这些特点使得超临界水堆与目前先进的压水堆相比具有以下优势：

（1）超临界水堆的系统布置更简化，因此可以减少建设、制造费用，从而提高经济性。

（2）超临界水堆是水冷反应堆，借助能动式安全系统，可以获得和先进压水堆一样的安全性。

（3）热效率更高。超临界水冷堆的热效率可达到44%，比常规压水堆高出近30%，也会带来经济性的提升。

超临界水堆有着明显的优点，但是要发展超临界水堆还要应对很多挑战：

（1）堆芯、系统及安全预概念设计及程序开发。首先超临界水堆的预概念设计目前以组件及堆芯设计为主，关于系统及安全方面的概念设计还有很多工作要做。另外，国际上还没有一套公认的用于超临界水堆计算的程序，各个国家均是使用现有的水堆分析程序进行计算。由于超临界水堆组件结构的复杂性，超临界水物性变化剧烈，现有水堆分析程序对于超临界水堆的适用性有待进一步考证。

（2）材料研究。由于超临界水堆运行在高温、高压的环境下，传统的锆合金无法使用，目前还没有合适的候选材料。常用的奥氏体钢和不锈钢，中子学性能差，在超临界工况下的运行状况有待于实验的进一步研究。

（3）超临界水性能研究。国内、国际针对超临界水的换热系数提出了多种关系式，但是各个关系式在拟临界点附近差异较大。对超临界水的热工水力性能还缺乏进一步的实验研究。

第四节 气冷快堆

气冷快堆是由氦气冷却的快谱反应堆，采用闭式燃料循环。和热谱的氦气冷却反应堆，例如GT-MHR和PBMR等一样，气冷快堆的出口温度很高，可以用于发电、制氢等工艺。由于采用了快谱以及闭式燃料循环，气冷快堆能够最小化长寿命放射性废物的产生。另外，快谱也使得气冷快堆能够利用易裂变和可裂变材料，包括低富集度的乏燃料等，燃料利用率更高。气冷快堆的相关设计目标参数如表 4-1所示。

表 4-1　气冷快堆参数

反应堆参数	参考值
热功率	600 MW
热效率	48%
冷却剂进出口温度	490 ℃/850 ℃
冷却剂压力	90 bar
平均功率密度	100 MW/m^3
参考燃料组分	UPuC/SiC（70%/30%），20%Pu

注：1 bar=10^5 Pa

气冷快堆的研究基础包括一些热谱和快谱的气冷堆。之前的一些示范堆，例如在英国建造运行的Dragon项目，在德国建造运行的AVR和THTR堆，在美国运行的Peach Bottom堆。目前正在建设的示范堆包括，日本的HTTR堆，其热功率为30 MW，和中国的HTR-10堆，热功率为10 MW。南非将建立一个300 MW热功率的球床模块化反应堆PBMR。

气冷快堆的燃料循环过程和钠冷快堆一致，反应堆设计技术与超高温堆一致。因此，气冷快堆的研发依赖于超高温气冷堆在结构、材料、辅助系统等的研发技术。不过气冷堆仍然有自己独特的设计，主要集中于堆芯设计和安全相关设计，包括：

（1）适用于快谱的气冷快堆燃料形式；

（2）能够实现高效增殖的气冷快堆堆芯设计；

（3）衰变热余热排出系统和降低石墨产热的安全设计；

（4）气冷堆燃料循环技术，包括简化或紧凑的乏燃料处理技术。

第五节　铅冷快堆

铅冷快堆是使用铅（Pb）或铅铋（Pb-Bi）合金冷却的快谱反应堆，采用闭式燃料循环。铅冷快堆可以设计成不同的功率大小以满足不同的能量需求，可以做成长换料周期形式的电池堆，其电功率为50~150 MW，可以做成电功率为300~400 MW的模块化堆，也可以做成功率为1 200 MW的大型商用堆。

铅冷快堆形式的电池堆是指直接在工厂完成生产组装，可直接交付用户使用的一种反应堆。其换料周期非常长，一般为15~20年。其堆芯可以直接更换，采用模块化设计。这种堆型设计能够满足小电网的需求或者不希望部署整套燃料循环体系来支撑核电的国家。对于这些市场，这种体积小、建造费用低、不需要关心燃料后处理问题的堆芯十分受欢迎。

铅冷快堆的短期发展目标是发电，使用更易研发的燃料、包壳、冷却剂形式，以及相关的燃料循环、燃料制造技术。长期目标是探索铅或铅铋合金的安全潜力，提高出口温度，将铅冷快堆的用途拓展到制氢等其他工艺领域。

与现有的液态金属快堆相比，铅冷快堆在以下方面具有优势：

（1）采用了自然循环、提升泵、壳内蒸汽发生器等，热交换方式更加先进。与钠冷堆相比提高了出口温度，能量转换效率更高。

（2）由于铅和铅铋合金的中子性能更好，使得在电池堆设计中可以选用更低的能量密度，自增值的堆芯设计使得其换料周期可长达15～20年。

（3）在长期目标中，铅铋合金和氮化物燃料的良好性能，使得堆芯冷却剂出口温度可高达750~800 ℃，能够满足制氢或其他热工艺的需求。

目前有两种主要的铅冷快堆设计：600 MW电功率的欧洲铅冷系统ELFR（如图4-12所示）和20 MW电功率的模块化小堆SSTAR（如图4-13所示）。ELFR主要用于发电，采用了紧凑、简化的游泳池式主回路设计，这样就消除了所有由于主冷却剂在压力容器外循环带来的问题。反应堆燃料组件为冷却剂循环提供流道，并分为上升段和下降段。堆芯布置在上升段底部，蒸汽发生器作为热阱布置在下降段顶部。冷却剂经过泵的作用在上升段和下降段之间循环。ELFR采用混合氧化物燃料，使用T91作为包壳材料，出口温度为550 ℃。

SSTAR是模块化小型堆。小型堆的移动性能要求主回路采用自然循环，二次侧循环为采用超临界二氧化碳的布雷顿循环。SSTAR采用氮化物燃料，含硅不锈钢作为包壳材料，出口温度为650 ℃。

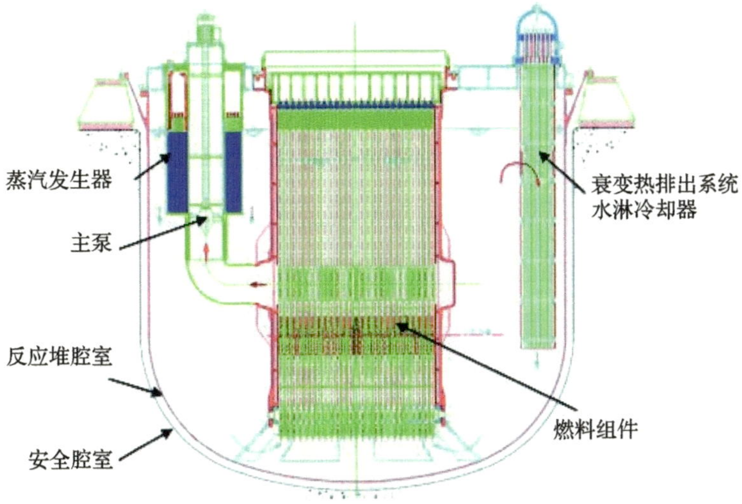

图4-12　ELFR铅冷快堆

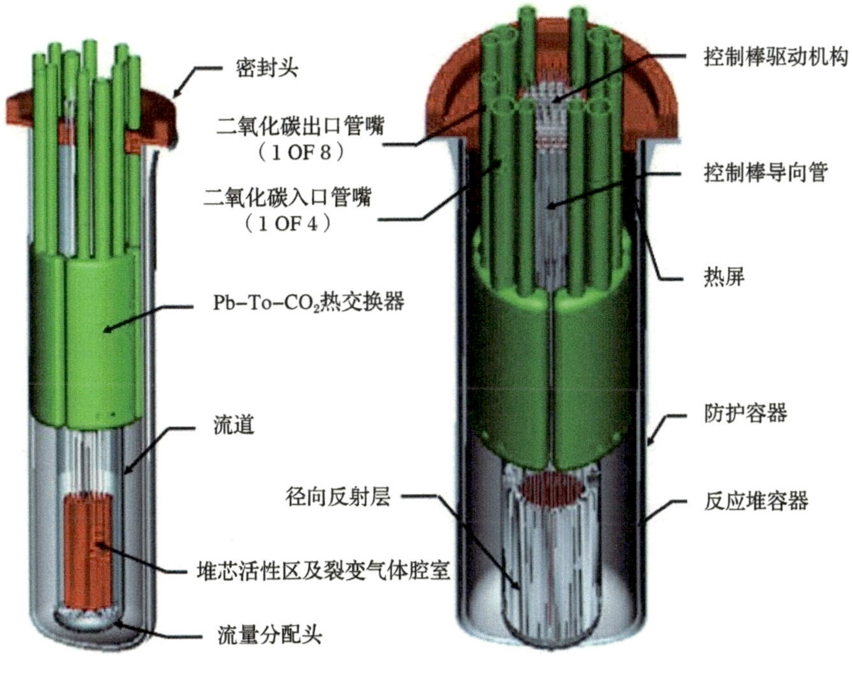

图4-13　SSTAR铅冷快堆

第六节 熔盐堆

熔盐堆是指使用熔盐作为核燃料载体或冷却剂的一类反应堆，包括液态燃料熔盐堆和固态燃料熔盐堆，是第四代先进反应堆的6个候选堆型之一。得益于氟化熔盐的高热容、高热导、高沸点及低蒸汽压等特点，熔盐堆具有高温、高功率密度、可常压操作等优点，在本征安全性及经济性上具有极大的优势和潜力。液态燃料熔盐堆因其可在线添料并进行后处理，是国际公认的钍资源利用理想堆型；固态燃料熔盐堆可不停堆连续更换燃料球，也可在改进的开环模式下实现钍资源的部分利用。

熔盐堆的概念扩展为液态燃料熔盐堆（MSR-LF）和固态燃料熔盐堆（MSR-SF，也称为氟盐冷却高温堆—FHR）两类。

MSFR设计由法国科学研究中心（CNRS）提出。MSFR是一种液态熔盐快堆设计，图4-14是MSFR概念设计图。MSFR是热功率为3 000 MW的熔盐快堆，燃料盐总体积为18 m^3，其运行温度为750 ℃，燃料采用LiF-ThF_4的混合物，重核元素的摩尔比例为22.5%。MSFR概念设计为直径和高度均为2.25 m的圆柱形堆芯，燃料盐从底部流入没有任何固体慢化剂的堆芯并发生裂变反应，即充当燃料又充当冷却剂。燃料盐完成整个主回路循环需要3~4 s，堆芯内部及外部回路中的燃料盐体积比例为1:1，底部反射层连接燃料排放系统。堆芯外部构件及换热器由很厚的反射层包裹，反射层材料为镍基合金，用于吸收99%的泄漏中子。反射层材料又由20 cm厚的B_4C材料包裹，B_4C是中子的良好吸收体，用于吸收剩余的泄漏中子。

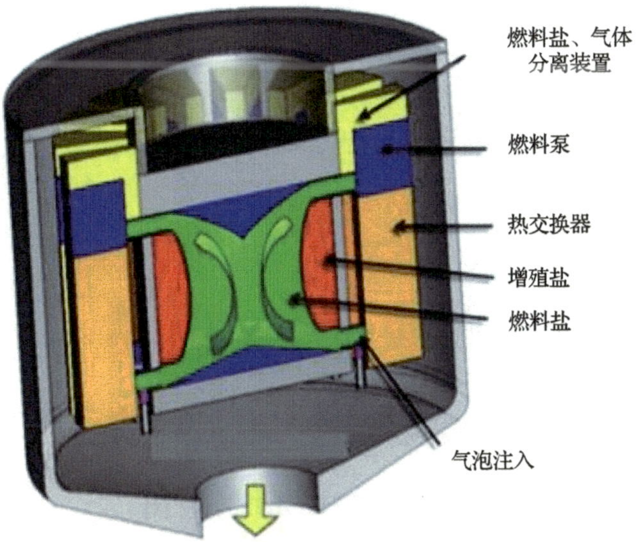

图4-14 MSFR概念设计图

2001—2003年期间，由美国橡树岭国家实验室（ORNL）、桑地亚国家实验室（SNL）和加利福尼亚大学伯克利分校（UCB）共同发展和提出熔盐堆家族的新成员——固态燃料熔盐堆概念，即为先进高温堆（Advanced High Temperature Reactor, AHTR），也可称为氟盐冷却高温堆（Floride Salt-Cooled High Temperature Reactors，FHRs，如图4-15所示），其核心特点是使用氟盐冷却技术和包覆颗粒燃料技术，同时又继承和发展了其他反应堆的众多优点和技术基础，包括液态熔盐堆的合金结构材料技术、高温气冷堆的布雷顿循环技术、液态金属反应堆的非能动衰变热排出技术等，具有良好的经济性、安全性、可持续性和防核扩散性，其商业化在当前技术基础条件下具有极高的可行性。

图4-15 FHR系统示意图

熔盐堆具有以下特点。

（1）经济性

熔盐堆运行在常压环境下，只需外加紧贴的容器可避免破口事故发生造成的泄露；组件体积小，燃料制备、储运成本低，无需周期性停堆换料。熔盐堆高温运行，堆热转换效率高，可达45%，结合高温制氢和联合供热，可进一步提高商业化程度和经济性。熔盐堆产生的废物放射性低，不会给废物的安全处置带来很大压力和成本支出。

（2）本征安全性

熔盐堆具有大的负温度反馈，负空泡系数，能自动快速停堆；具有大的热容量，事故发生时堆升温慢、幅度小，同时可采用多种基于自然循环的衰变热排除机制满足安全要求。由于熔盐堆的放射性物质常温下是固态，很难渗入地下，并通过地下水进入生物圈，因此可将反应堆建造在地表以下，上面覆盖有护肩，其中常规岛部分在地面以上，可避免恐怖袭击、飞机坠落、龙卷风等外界干扰，事故时，放射性物质不易逃脱扩散。

液态燃料熔盐堆采用液态燃料，无堆芯熔化风险，从根本上避免了再次发生切尔诺贝利事故的可能。LOCA事故应对能力强，只需遵照增殖堆/嬗变堆的事故处理规程，严重事故发生时，冻结塞熔化，所有熔盐均流入储罐中。熔盐常温时为固态，这避免了因泄漏而导致大量的核污染，对生物圈和地下水位线的防护要求没有那么严苛。

固态燃料熔盐堆采用TRISO燃料颗粒，通过多层防护可有效阻止放射性核素泄露，其中燃料颗粒的多层包覆层可阻止锕系核素、裂变碎片和气体的释放，燃料基体、石墨、熔盐、低压容器密封和气体净化实现进一步保护。

（3）核废料最小化

钍堆与铀堆裂变产物相近，但是锕系谱的成分相差较大，而长寿命放射性废物主要来源于锕系核素；^{232}Th比^{238}U低6个质量数，因此钍-铀循环相对于铀钚循环需俘获更多的中子才能转化为第一个超铀元素。钍-铀循环卸出的核废物300年后的放射毒性比铀-钚循环低一万倍，放射性水平低于天然矿石，可以设法近地表处置，有利于生态环境，缓解永久地质储存带来的压力。

（4）功能多样性和灵活性

熔盐堆的高温输出特性使其具有功能多样性和配置灵活性，可适用于供电、供热、煤气化、甲烷重整以及热化学或高温电解制氢，可适用于传统的蒸汽式朗肯循环，尤其适合布雷顿循环，工质可以是氦气或氮气。

第五章 核反应堆发展中的安全保障

第一节 核反应堆安全功能的确定

核反应堆不同于常规火电厂，主要是由于核反应堆对控制要求特别高。核反应堆的燃料具有放射性，需要屏蔽，会产生放射性废物，必须妥善处置，因此核反应堆的安全非常重要（如图5-1所示）。

图 5-1 核反应堆坚持“安全第一”

核反应堆的三项基本安全功能是反应堆停堆、余热排出和放射性包容。保障核反应堆的安全，就是在各种设计基准工况下保证三项基本安全功能的执行。三项基本安全功能的确定有一个历史过程。按照时间顺序，关注的重点从反应堆停堆，到放射性包容，最后集中到余热排出。

1.1 反应堆停堆

1942年，当著名核物理学家费米教授率领一个团队在芝加哥大学体育场看台下建设世界上第一座“核反应堆”（pile）芝加哥1号时，特别关注的是“一旦链式反应触发，是否能够得到控制”。

为了保证不出现链式反应失控，芝加哥1号设置了两套自动控制棒，一套手动控制棒，除此之外还设置了一套绳索吊挂的“安全控制棒”，分派一个“安全控制棒斧头人”（Safety control rod axe man）手持利斧站在旁边，随时准备砍断绳索。核反应堆能否顺利停堆成为首先被关注的基本安全功能。

1.2 放射性包容

在20世纪40年代到50年代初期，保证公众安全的方式是依赖于“禁区”的设置，就是在反应堆和公众之间保持足够的距离，以在反应堆发生事故时保证公众所受到的辐射照射可接受。这一时期的核安全管理政策又被称为“远距离厂址”政策。

1952年，美国要在离纽约州圣莱克迪镇19英里（mi，1 mi=1.609 km）的克诺斯原子能实验室建设一座潜艇用原型钠冷反应堆。评估表明，反应堆所处的位置不能满足远距离厂址政策，但核能军事应用的紧迫性又占有压倒性的地位，此时想到的方法是采用一个钢制球形“安全壳”，将放射性物质“包容”起来。当美国开始发展核电时，由于核电厂反应堆的功率远远大于研究性反应堆甚至核材料生产堆，同时必须考虑送配电的问题，采用“禁区”政策更加不现实，所以“放射性包容”成为必不可少的选择，也成为“基本安全功能”之一。

1.3 余热排出

20世纪60年代中期，为了改善核电厂的经济性，核电厂的功率开始逐渐增加。此时，美国的核安全咨询委员会开始关注一个问题，即所谓“中国综合症”的问题。“中国综合症”是美国布鲁海文实验室在核安全研究中提到的一个现象，就是在反应堆堆芯功率较大时，如果反应堆堆芯熔毁，即使已经停闭反应堆，其最终结果是衰变热仍可能熔穿反应堆压力容器，继而熔穿安全壳底板，进入安全壳下部的空间，并继续向下方穿透。由于在地球上与美国相对的另一侧是中国，人们开玩笑说最坏结果就是熔穿地球，并从中国一侧熔出，所以这种现象被称为“中国综合症”。

由于当时工程上没有更好的措施可以解决“中国综合症”问题，所以防止“中国综合症”的办法就是不让反应堆堆芯熔毁，此时的关注点集中到“应急堆芯冷却系统”上。应急堆芯冷却系统的作用就是在反应堆发生事故，如丧失堆芯冷却剂时，向堆芯紧急注入冷却剂，排出堆芯的衰变热，以防止堆芯的熔化。为了在不同的事故情景下都能向堆芯注入足够的冷却剂，在压水堆核电厂中通常设有高压安全注入、中压安全注入和低压安全注入系统。由于反应堆衰变热的积累可能导致多道放射性包容屏障的破坏，所以排出堆芯余热也成为基本安全功能之一。

第二节 核反应堆的安全保障

核电厂的安全相关构筑物、系统和设备主要是围绕实现三项基本安全功能设计的，核安全监管的重点也是集中在承担三项基本安全功能的构筑物、系统和设备上。出于对核电厂安全相关构筑物、系统和设备可靠性的高度重视，核安全监管当局对其提出了一系列严格甚至苛刻的要求，如特殊的质量保证措施、特殊的抗震要求，以及能够承受事故工况环境条件下“环境鉴定”要求等。安全相关系统的设计也要满足多重性、多样性和独立性等要求（如图5-2所示）。

图5-2 核反应堆的安全保障

事实上三项基本安全功能的设立并不平衡，可以用这样的话来概括，即反应堆停堆是手段，放射性包容是目的，而余热排出是关键。可以说余热排出是核电厂最关键的安全功能，实际上目前核电厂的大部分安全系统都是围绕排出余热设计的，余热排出的可靠性也在很大程度上决定了核电厂的安全水平。

图5-3　我国的核安全监管

为防止放射性物质的释放，核电厂普遍采用了多层实体屏障。这些屏障主要包括燃料元件包壳、反应堆冷却剂系统承压边界和安全壳。另外，燃料芯块、反应堆冷却剂、安全壳内空间及厂外防护距离也可以视为缓解放射性危害的屏障。“纵深防御，多层屏障”是核电厂安全的基本设计思想，纵深防御原则主要通过多层屏障来实施，多层屏障通过纵深防御设防来保护，两者相辅相成，构成反应堆安全的基本原则。

通过采取以上原则，核反应堆得到足够的安全保障。与此同时，各有核国家也都建立了完善的核安全保障体系。我国已建立完善的核安全政府管理体制（如图5-3所示），为核反应堆的安全保驾护航。生态环境部（国家核安全局）依法对民用核设施及放射源与射线装置的安全实施严格的监督管理，国家核安全局坚持“质量第一、安全第一”的基本方针，对核反应堆的选址、建造、调试、运行和退役五个主要阶段进行许可证制度管理，监督核反应堆的安全。国家能源局在核电发展、项目审批中充分考虑核安全问题。国防科技工业局对军工核设施和核材料开展严格的安全监管，并牵头国家核事故应急的协调组织工作。国务院有关部门和地方人民政府各司其职，加强核安全管理。

参考文献

[1] 艾尔文·温伯格. 第一核纪元. 北京：原子能出版社，1996.

[2] P. R. 蒙菲尔德. 世界核电站. 北京：原子能出版社，1997.

[3] 厚逸民. 走近核能. 北京：科学出版社，2000.

[4] 张文华，张广翔. 苏联核裂变材料的生产与和计划的实施（1945—1949）. 史学集刊，2019,3: 95-107.

[5] 张纯洁. 苏联压水堆核电站发展概况. 核动力工程，1984,（5）：385-390.

[6] 合夫. 我国第一座原子反应堆建成. 化学世界，1958.

[7] 徐銤，杨红义. 钠冷快堆及其安全特性. 先进核裂能专题，2016（9）:561-568.

[8] 韩金盛，刘滨，李文强. 铅冷快堆研究概述. 核科学与技术，2018（3）:87-97.

[9] 徐济鋆. CANDU堆发展的回溯与展望. 核动力工程，1999，20（6）：481-486.

[10] 阮养强，彭孝兴. CANDU型核电站技术特点及其发展趋势. 现代电力，2006，23（5）：49-54.

[11] 杜景晖. 加拿大重水堆技术发展综述. 中国科技信息，2011（12）：22-24.

[12] IAEA Technical Committee Meeting on “Gas Turbine Power Conversion Systems for Modular HTGRs”. held from 14–16 November 2000 in Palo Alto, California.

[13] 10MW高温气冷堆实验堆最终安全分析报告. 清华大学核能与新能源技术研究院，2012.

[14] 贺禹，濮继龙，高立刚，等. 900 MW压水堆核电站系统与设备. 北京:原子能出版社，2004.

[15] IAEA.数据：https://pris.iaea.org/PRIS/WorldStatistics/OperationalReactorsByType.aspx.
[16] 徐济鋆. CANDU堆发展的回溯与展望. 核动力工程，1999，20（6）：481-486.
[17] 阮养强，彭孝兴. CANDU型核电站技术特点及其发展趋势. 现代电力，2006，23（5）：49-54.
[18] 韩金盛，刘滨，李文强. 铅冷快堆研究概述. 核科学与技术，2018（3）:87-97.
[19] 魏诗颖，王成龙，田文喜，等.铅基快堆关键热工水力问题研究综述.原子能科学技术，2019,53（02）:326-336.
[20] Toshinsky, G. Petrochenko, V., 2012. Modular lead-bismuth fast reactors in nuclear power.Sustainability,4（9）2293-2316.
[21] Pioro IL. Introduction: Generation iv international forum. Cambridge（UK）: Woodhead Publishing, 2016.
[22] Bettis ES, Schroeder RW, Cristy GA. The aircraft reactor experiment—design and construction. Nuclear Science and Engineering, 1957, 2（6）: 804-825.
[23] MacPherson HG. The molten salt reactor adventure. Nuclear Science and Engineering, 1985, 90（4）: 374-380.
[24] Haubenreich PN. Molten salt reactor experiments. United States, 1969.
[25] Serp J, Allibert M, Beneš O, et al. The molten salt reactor（msr）in generation iv: Overview and perspectives[J]. Progress in Nuclear Energy, 2014, 77: 308-319.
[26] http://www.sinap.ac.cn/zt/tmsr/article4.html.

[27] MOST. Review of molten salt reactor technology. The Final Report of the MOST Project, 5th Framework Programme of European Commission, 2004.
[28] Allibert M, Aufiero M, Brovchenko M, et al. Molten salt fast reactors. Cambridge （UK） : Woodhead Publishing, 2016.
[29] Fiorina C, Lathouwers D, Aufiero M, et al. Modelling and analysis of the msfr transient behaviour. Annals of Nuclear Energy, 2014, 64: 485-498.
[30] Ignatiev V, Feynberg O, Gnidoi I. Progress in development of li,be,na/f molten salt actinide recycler & transmuter concept. Proceedings of ICAPP, Nice, France, 2007.
[31] Lantelme F, Groult H. Molten salts chemistry: From lab to applications. USA: Elsevier, 2013.
[32] Holcomb DE, Flanagan GF, Mays GT, et al. Fluoride salt-cooled high-temperature reactor development roadmap. ICAPP 2014, Charlotte, NC, USA, 2014.
[33] Doe U. A Technology Roadmap for Generation Ⅳ Nuclear Energy Systems. Nuclear Energy Research Advisory Committee and the Generation Ⅳ International Forum, 2002.
[34] Pioro IL, Khartabil HF, Duffey RB. Heat transfer to supercritical fluids flowing in channels - empirical correlations （survey） . Nuclear Engineering and Design, 2004, 240: 69-91.
[35] Oka Y, Koshizuka S, Yamasaki T. Direct Cycle Light Water Reactor Operating at Supercritical Pressure. Journal of Nuclear Science and Technology, 1992, 29: 585-588.

[36] Oka Y, Koshizuka S. Concept and Design of a Supercritical-Pressure, Direct Cycle Light Water Reactor. Nuclear Technology, 1993, 103: 295-302.

[37] Oka Y, Koshizuka S, Jervremovic T, et al. Suprecritical-Pressure, Light-Water-Cooled Reactors for Improving Economy, Safety, Plotonum Utilization and Evironment. Progress in Nuclear Energy, 1995, 29: 431-438.

[38] Yamaji A, Oka Y, Koshizuka S. Conceptual Core Design of a 1000 Mwe Supercritical Pressure Light Water Cooled and Moderated Reactor. ANS/HPS Student Conference, A&M University, Texas, 2001.

[39] Yamaji A, Kamei K, Oka Y, et al. Improved Core Design of the High Temperature Supercritical-Pressure Light Water Reactor. Annals of Nuclear Energy, 2005, 32 （7） : 651-670.

[40] Heusener G, Mueller, U., Schulenberg, T., et al. A European Development Program for a High Performance Light Water Reactor （HPLWR） . SCR-2000, 2000.

[41] Schulenberg T, Starflinger J, Heinecke J. Three Pass Core Design Proposal for a High Performance Light Water Reactor. Progress in Nuclear Energy, 2008, 50 （2-6） : 526-531.

[42] Leung LKH, Yetisir M, Diamond WT, et al. A Next Generation Heavy Water Nuclear Reactor with Supercritical Water as Coolant. Proceedings of the International Conference on the Future of Heavy Water Reactors, HWR-Future, 2011.

[43] Yetisir M, Gaudet M, Rhodes D. Development and Integration of Canadian SCWR Concept with Counter-Flow Fuel Assembly. ISSCWR-6, 2013.

[44] 连培生. 原子能工业. 北京: 原子能出版社, 2002.
[45] 赵志祥, 夏海鸿, 史永谦, 等. 加速器驱动次临界嬗变系统（ADS）研究进展. 中国核学会2009年学术年会, 2009.
[46] Bowman CD. Basis and objectives of the Los Alamos Accelerator-Driven Transmutation technology project. International Conference on Accelerator - driven Transmutation Technologies &Applications, Las Vegas, NV, USA, 1994.
[47] Rubbia C. A high gain energy amplifier operated with fast neutrons. AIP, USA, 1995.
[48] 詹文龙,徐瑚珊.未来先进核裂变能—— ADS 嬗变系统. 中国科学院院刊.
[49] DOE. A roadmap for developing accelerator transmutation of waste （ATW） technology. Washington: U.S. Department of Energy, 1999.
[50] Voit S, Venneri F, Li N, et al. Disposition of nuclear waste using subcritical accelerator driven systems. Paris: OECD, 1999.
[51] Gudowski W. Transmutation of isotopes - ecological and energy production aspects. Acta Physica Polonica B, 2000, 31 （1）: 107-122.
[52] Baxter A, Rodriguez C. The application of gas-cooled reactor technologies to the transmutation of nuclear waste. Progress in Nuclear Energy, 2001, 38 （1-2）: 81-105.
[53] Beller DE, Van Tuyle GJ, Bennett D, et al. The US accelerator transmutation of waste program. Nuclear Instruments & Methods in Physics Research A, 2001, 463 （3）: 468-486.

[54] Mukaiyama T, Kubota M, Takizuka T, et al. Partitioning and transmutation program "OMEGA" at JAERI. International Conference on Evaluation of Emerging Nuclear Fuel Cycle Systems, 1995.
[55] Rubbia C, Aleixandre J, Andriamonje S. A European roadmap for developing accelerator driven systems （ADS） for nuclear waste incineration. Rome: The European Technical Working Group on ADS, 2001.
[56] 朱继洲.核反应堆安全分析.西安:西安交通大学出版社，2004.